The Clouds Catalog

新・雲のカタログ

[空がわかる全種分類図鑑]

［文と写真］村井昭夫・鵜山義晃

草思社

JN029474

まえがき……5

Prologue 1　雲の分類を知ると何がわかるのか？……6
Prologue 2　雲のバイブル：国際雲図帳（International Cloud Atlas）とは……8
Prologue 3　雲分類の原則と大分類表……10
Prologue 4　分類の基本・10種雲形と名前のつきかた……13
Prologue 5　10種雲形を判別するためのヒント……14

1.　雲のカタログ……17

1. 巻雲……18
種……19
（かぎ状雲／毛状雲／濃密雲／塔状雲／房状雲）
変種……24
（放射状雲／もつれ雲／肋骨雲／二重雲）
部分的な特徴……28
（乳房雲／波頭雲）

2. 巻積雲……30
種……31
（層状雲／塔状雲／房状雲／レンズ雲）
変種……35
（波状雲／蜂の巣状雲）
部分的な特徴……37
（尾流雲／乳房雲／穴あき雲）

3. 巻層雲……40
種……41
（毛状雲／霧状雲）
変種……43
（二重雲／波状雲）

4. 高積雲……45
種……46
（層状雲／レンズ雲／塔状雲／房状雲／ロール雲）
変種……51
（半透明雲／不透明雲／隙間雲／二重雲／波状雲／放射状雲／蜂の巣状雲）
部分的な特徴……58
（尾流雲／乳房雲／穴あき雲／波頭雲／荒底雲）

5. 高層雲……62
変種……63
（半透明雲／不透明雲／二重雲／放射状雲／波状雲）
部分的な特徴……67
（尾流雲／乳房雲／降水雲）
付随雲……69
（ちぎれ雲）

6. 乱層雲……70
部分的な特徴……71
（尾流雲／降水雲）
付随雲……73
（ちぎれ雲）

7. 積雲······74

種······75
（扁平雲／並雲／雄大雲／断片雲）

変種······79
（放射状雲）

部分的な特徴······80
（尾流雲／降水雲／アーチ雲／漏斗雲／波頭雲）

付随雲······84
（頭巾雲／ベール雲／ちぎれ雲）

8. 層積雲······87

種······88
（層状雲／レンズ雲／塔状雲／房状雲／ロール雲）

変種······93
（半透明雲／不透明雲／隙間雲／二重雲／波状雲／
放射状雲／蜂の巣状雲）

部分的な特徴······99
（尾流雲／降水雲／乳房雲／波頭雲／荒底雲／穴あき雲）

9. 層雲······105

種······106
（霧状雲／断片雲）

変種······108
（半透明雲／不透明雲／波状雲）

部分的な特徴······111
（降水雲／波頭雲）

10. 積乱雲······112

種······113
（無毛雲／多毛雲）

部分的な特徴······115
（かなとこ雲／尾流雲／降水雲／乳房雲／漏斗雲／アーチ雲）

その他······121
（雷雲）

付随雲······122
（頭巾雲／ベール雲／ちぎれ雲）

スーパーセルに伴う部分的な特徴······124
（壁雲／尻尾雲）

スーパーセルに伴う付随雲······125
（流入帯雲）

11. 飛行機雲······126

たくさんの航跡／飛行機由来巻雲／飛行機由来変異雲／
飛行機雲による大気光象／消滅飛行機雲／飛行機雲彩雲／
飛行機雲の特異な形状

12. 特殊な雲······132

飛行機由来巻雲／飛行機由来変異雲／人為起源雲／
熱対流雲／しぶき雲／森林蒸散雲

13. その他の雲······134

地形性の雲／収束性の雲／馬蹄雲／夕焼け雲

2. 空を彩る大気光象……139

大気光象とは……140

虹……142

光環……144

彩雲……145

光芒・薄明光線……146

ハロ……148

環天頂アーク……151

環水平アーク……152

タンジェントアーク……153

外接ハロ……154

幻日……155

パリーアーク……156

幻日環……157

120°幻日……158

ラテラルアーク……159

太陽柱……160

映日／地球影……161

マルチディスプレイ……162

雲をつかまえる話 How to Catch The Clouds ……163

あとがき……167

COLUMN

巻積雲・高積雲がうろこや羊の群れに見えるのはなぜ？……32

雲はなぜ空中に浮かんでいるのか？……39

「巻積雲では 22°ハロ(暈)ができる」は本当か？……43

雲ができる場所……44

空はなぜ青いのか？……50

雨粒の原料は雪結晶……71

雲は夜も面白い　その1：月夜に浮かぶ雲の姿……83

雲は夜も面白い　その2：都会の夜空に雲が踊る？……104

かなとこ雲の「かなとこ」って何？……116

高高度放電現象「スプライト」……125

雲の楽しみかたの原点……136

夕焼けはなぜ赤い？……137

分類を超える変わった雲・変な雲……138

虹を見る視点……147

指でハロを測る……162

本文デザイン・DTP —— Malpu Design

まえがき —— 『雲のカタログ』改訂によせて

『雲のカタログ』が世に出たのは 2011 年。これまでに多くの方に手に取っていただき、2013 年には日本経済新聞の「大人が読みたくなる図鑑ベスト 15」で、数多くの図鑑の中から第 3 位に選出、韓国でも出版されるなど高く評価され、雲の本のベスト・ロングセラーとして親しまれてきました。「広く長く愛される本にしたい」という、出版時の想いが叶い、とてもうれしく思っています。

『雲のカタログ』は、空に見えている雲の名前を調べられるように、100 種類にも及ぶ雲、さらに大気光象の姿を写真と図で示す「雲の分類図鑑」です。

その雲の分類の世界基準となるのは、世界気象機関(World Meteorological Organization=WMO) が発行している国際雲図帳 (International Cloud Atlas = ICA) という資料(P.8) なのですが、2017 年に ICA が久しぶりに改訂され、雲の新しい種類の追加や、分類自体に関わるいくつかの変更が行われたのです。

そこで今回、ICA の改訂に合わせて『新・雲のカタログ』として大幅にリニューアルすることにしました。

もちろん「専門的な記述を少なく、見て楽しみながら雲の美しさと不思議を知ることができる本」という従来からのポリシーはそのまま、今回は特徴がよく分かる典型的で美しい写真を新たに 400 枚以上使い、解説にも大幅に手を加えました。毎日の雲の観察に役立つ資料としてはもちろん、ちょっとした時間にパラパラとページをめくってみるだけでも、不思議で美しい雲たちの姿を存分に楽しめると思います。

第 1 章ではすべての種類の雲をたくさんの写真で示しています。今回はさらに地球温暖化で注目されている飛行機雲にも焦点を当てました。まずは写真で雲の多彩な表情を楽しんでください。さらに知りたい人は、解説を読むことで分類名はもちろん、その特徴や判別の視点、それがどんなときに現れるのかも理解できるでしょう。きっと雲を探すのが楽しくなり、空への理解をどんどんと深めていけます。

第 2 章では空好き・雲好きなら誰もが惹きつけられるに違いない、不思議で美しい「大気光学現象」を取り上げています。一度は見てみたい美しい現象・レアな現象も、本書で姿を確かめておけば、自分で見つけるためのポイントも掴めるはずです。

また、各章にちりばめたコラムでは、雲を楽しみたい人のために役立つ基本的な知識やワザも紹介しています。

各雲・現象には私たちの経験をもとに「レア度ランク」の★をつけてあります。レア度の高い雲を見つけるのに挑戦するのも面白いと思います。

毎日目にする空には、多くの美と不思議が隠されています。本書を片手に、実際に空を見上げて、多様な雲の表情と美しさに触れてください。

村井昭夫・鵜山義晃

雲の分類を知ると何がわかるのか?

動物・植物、岩石、天体……すべての自然科学の理解は、対象を特徴によって分類して名前をつけるところからはじまると言っていいでしょう。本書が扱う空や雲の場合でも例外ではありません。

雲は、私たちには見ることができない大気の動きを「可視化」してくれています。分類や名前が持つ意味と理由がわかれば、その雲がどうしてできたか、大気中で何が起こっているのか、そして、これからどう変化するかが理解でき、雲や空の楽しみがもっと広がるはずです。

雲の種類を理解すると、雲や空をどんなふうに見ることができるようになるのか、2つの例を挙げて考えてみます。

次にどんな変化が起きるのか予測できる

雲の変化や発達には決まりがあります。目の前に現れる雲の名前とその性質を知った上で空を眺めると、いま雲に何が起こっているのか、これからどんな変化が起きるのかが予想できます。

夏の晴れた日、「積雲」が「積乱雲」へと発達していく過程を例に見てみましょう(右図)。積雲は局所的に発生した上昇気流ででき、みるみる変化していきます。その発達は数ある雲の変化

のパターンの中でも、最もダイナミックで見応えがあるものです。

夏の朝、高さのない積雲＝「扁平雲」が空に浮かんでいる光景を想像してみて下さい。太陽高度が上がるにつれ地面が暖まって上昇気流が強くなると、扁平雲は高さを増し「並雲」へ、更に大きく「雄大雲」へとどんどん発達していくことでしょう。発達する積雲の雲頂上には小さくかわいい「頭巾雲（ずきん）」がちょこんと乗っていることもあるかもしれません。

雄大雲は午後になるとさらに発達し、その雲頂は高さ

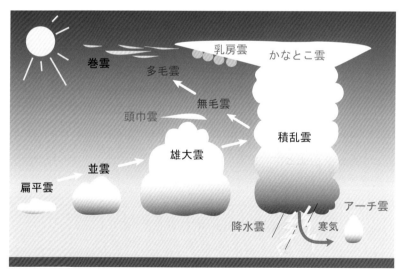

姿を変える積雲とその周辺に現れる雲たちのモデル。
図中の名称の雲は、本書の中で詳しく紹介していきます。

10kmを超えます。雲の下部は黒く、激しい雨が降る「降水雲」が見え、雷鳴も聞こえるようになります。「積乱雲」の誕生です。

積乱雲誕生初期は「無毛雲」だった雲頂部の輪郭は、繊維状にほつれ「多毛雲」となり、雲頂はやがて「かなとこ雲」として水平に大きく広がっていきます。その笠の下には丸く垂れ下がった「乳房雲」が見えるでしょう。その頃、積乱雲の雲底からは下降気流による寒気が吹き出し、それによって壁のような「アーチ雲」ができて私たちに迫ってくるかも知れません。衰退の始まりです。

積乱雲は収縮し始め、多毛雲となっている、かなとこ部分は切り離されて「巻雲」に、積乱雲本体は力を失い積雲へと戻って積乱雲の一生は終わります。

このような空の大スペクタクルをまるごと楽しむためにも、雲の分類の知識は欠かせないものなのです。

目に見えない空気の動きを知ることができる

テレビで見る天気図の中に「前線」が描かれているのを見たことがありますよね？　でも、空に線が引いてあるわけではないので、普通はその存在を実際に目にすることはありません。

ところが、前線と雲の種類の移り変わりの関係を知っていれば、雲の様子から前線の存在を知り、同時にこれから起こる雲の変化・天気の変化を予測できます。

例えば温暖前線が西から近づいてくるときは、まず空に「巻雲」が見えてきます（右上図）。このとき巻雲は西から東に流れているでしょう。暖かい空気と冷たい空気が接する面＝「前線面」を押す風が、西から東へ吹いているからです。

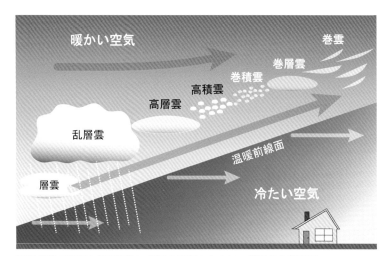

温暖前線の接近と雲の変化。前線の接近とともに、巻雲から巻層雲へ、そしてどんどん低く厚い雲に変化していきます。

やがて雲は「巻積雲・巻層雲」へ、厚みを増して「高積雲・高層雲」へ、さらに雨を降らせる「乱層雲」へと変化していきます。前線面が徐々に低くなって近づいてくるにしたがい、低層の雲が多くなって天気が悪くなっていくのです。つまり雲の変化を予測して、前線の接近、天気の変化も事前に知ることができるというわけです。

やがて、乱層雲が通り過ぎて雨がやむ頃には、私たちは前線をくぐり抜けて暖気の中に入るので気温は上昇します。

ここに挙げたように、雲の変化やその周辺に現れる雲たちを知ることで、多様な雲の出現を待ちかまえたり、さらにそれらが変化することを予測して、誰よりも多くダイナミックな雲の変化を楽しむことができるのです。珍しい空の現象＝大気光象（第2章）を目撃する機会もきっと増え、これまで知らなかったり、気がつかなかったこともたくさん発見できるはずです。

Prologue 2 雲のバイブル：国際雲図帳（International Cloud Atlas）とは

本書で扱う雲の分類は、国際雲図帳＝International Cloud Atlas（ICA）2017年版を元にしています。

ICAは世界気象機関（WMO）発行の学術資料であり、世界の気象学者の協議によって定められた雲の分類とその基準を、研究者や一般の気象観測者向けに解説した、いわば「雲のバイブル」的な資料です。

この資料は"Cloud Atlas"というタイトルですが、雲を含めた大気の諸現象（霧や雨などの大気水象・ヘイズなどの大気塵象・ハロなどの大気光象・雷などの大気電気象）とその観測も扱っています。

雲を深く知るためには、雲の分類の歴史とICAの改訂について知っておくのも、良いかもしれません。

雲の分類の歴史とICA

最初に雲の分類を発表したのは1802年のラマルク（Lamarck, J.B.）だと言われています。その1年後にはルーク・ハワード（Luke Howard）が高度と形によって雲を定義し、ラテン語名：cumulus（積雲）・stratus（層雲）・cirrus（巻雲）・nimbus（乱雲）などの語を用いて雲の基本形（雲類）7種を命名しました。ところが、その後いろいろな研究者が独自に分類を改訂したり、新しい分類を発表したことで、その後1世紀近く、雲の分類には多くの混乱が起きてしまいます。

そこで、1891年に開かれた国際気象会議（International Meteorological Conference）で分類の統一を推進することが決ま

り、1896年に現在のICAの基礎となる国際図帳が刊行され、雲の分類が標準化されました。これが雲の観測のスタンダードとして広く使われるようになったことで、雲の観測を世界的に比較できるようになり、長い混乱は収まったのです。

1939年には航空機による気象学の発達に対応したInternational Atlas of Clouds and States of the Sky（要約版は1930年発行）が刊行され、さらに1956年にはWMOによって現在と同じ「International Cloud Atlas」と改称、第Ⅰ巻（テキストによる諸現象の解説）・第Ⅱ巻（写真と図を中心にした解説）の2巻構成の現在の形が完成しました。その後、1975年には第Ⅰ巻、1987年に第Ⅱ巻の改訂がなされています。

つまり第Ⅰ巻は40年以上、第Ⅱ巻は30年の長きに渡り改訂なく使われ、この中で10の「基本形」、14の「種」、9つの「変種」、そして9つの「部分的な特徴」＋「付随雲」が定義されていたのです。

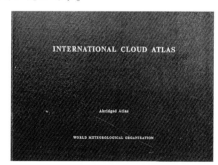

ICA1956（要約版）の表紙。

久しぶりに改訂されたICA2017

　1987年以降、長く改訂・修正されることがなかったICAですが、その間に気象学は進歩し、写真はデジタルに移行、さらにインターネット等の発達により世界中の情報がリアルタイムに得られるようになりました。

　そこで、WMOは雲を再度グローバルに標準化することを目的にICAを改訂、書籍ではなくWebサイトとして構築・公開しました。これがICA 2017です。

ICA 2017のトップページ。
URL: https://cloudatlas.wmo.int/en/home.html

　ICA 2017では、これまで同様の雲や諸現象の解説はもちろん、加えて多くの画像や動画を閲覧することができ、雲の比較ができるなど、Webの特性を生かした工夫がされています。また、同時に雲の分類についてもいくつかの追加や変更がなされています。

雲の分類に関わる主な変更点

　今回の改訂では、雲の分類について、次のような大きな

追加と変更が行われています。本書はこの変更にも対応した最新の分類図鑑です。

1. 高積雲・層積雲の種に新たな分類「volutus：ロール雲」を追加
2. 層積雲の種に「房状雲」を追加
3. 「部分的な特徴」に新たな分類「asperitas：荒底雲」「cauda：尻尾雲」「cavum：穴あき雲」「fluctus：波頭雲」「murus：壁雲」の5つを追加
4. 「付随雲」に新たな分類「flumen：流入帯雲」を追加
5. 分類表の項目「部分的な特徴」と「付随雲」が別項目に独立
6. これまで10種雲形に含まれず、別セクションで扱われていた雲6種＝「flammagenitus：熱対流雲、homogenitus：人為起源雲、aircraft condensation trail：飛行機由来巻雲、homomutatus：飛行機由来変異雲、silvagenitus：森林蒸散雲、cataractagenitus：しぶき雲」を「特殊な雲」として雲の分類体系に統合

新しい雲の名前の本書での扱いについて

　国際的には雲の学名はラテン語を元に付けられるのですが、今回新たに追加された雲についてはまだ和名（日本での呼称）が正式に決まっていません。そこで本書では新しい雲については「雲の和名ワーキンググループ」による名称と原語の両方を示してあります。

参考：
International Atlas of Clouds and of States of the Sky, 1930, International Meteorological Commitee
International Cloud Atlas Volume Ⅰ, 1956, World Meteorological Organization
International Cloud Atlas Volume Ⅰ, 1975, World Meteorological Organization
International Cloud Atlas Volume Ⅱ, 1987, World Meteorological Organization
International Cloud Atlas Abridged Atlas, 1987, World Meteorological Organization
測候時報1959年26（1）〜（11）解説 国際雲図帳第1巻（1956年版）(1)/気象庁測候課

世界で見られる特徴的な雲は共通であり、雲形→種→変種→部分的な特徴・付随雲という体系（下表）を使って分類されています。ただ、雲の姿は常にそして連続的に変化するため、植物や動物などとは違って種類間に明確・厳密な境界線はありません。当然、中間的・過渡的な形態もよく見られますが、安定していないために重要視はされません。

雲分類の基本的なルール

1. 「雲形」：雲をまず 10 の基本グループに分けたもの。1つの雲は1つの雲形名だけを持つ。
2. 「種」：各「雲形」を見た目（雲の形・構造）によってさらに細分したもの。1つの「雲形」の雲には1つの「種」名しかつかないが、種名が付かないこともある。
3. 「変種」：雲の見かけ上の並び方・配置・透明度（厚さ）の違い。
4. **「部分的な特徴」**：接合したり、部分的に一体化している、雲の一部分の特徴的形態。
5. 「付随雲」：主な雲の生成に伴ってできた、通常より小さな雲。本体とは別物だが、一部分が主な雲と融合していることもある。

※「部分的な特徴」と「付随雲」をまとめて「副変種」としている資料もあるが正式なものではありません。

雲の大分類表

| | 10種雲形 | | | | | | | | | |
| | 上層雲 | | | 中層雲 | | | 下層雲 | | | |
	巻雲	巻積雲	巻層雲	高積雲	高層雲	乱層雲	層積雲	層雲	積雲	積乱雲
種 見た目の形で分類	毛状雲 かぎ状雲 濃密雲 塔状雲 房状雲	層状雲 レンズ雲 塔状雲 房状雲	毛状雲 霧状雲	層状雲 レンズ雲 塔状雲 房状雲 ロール雲			層状雲 レンズ雲 塔状雲 房状雲 ロール雲	霧状雲 断片雲	扁平雲 並雲 雄大雲 断片雲	無毛雲 多毛雲
変種 並び方や厚さで分類	もつれ雲 放射状雲 肋骨雲 二重雲	波状雲 蜂巣状雲	二重雲 波状雲	半透明雲 すき間雲 不透明雲 二重雲 波状雲 放射状雲 蜂巣状雲	半透明雲 不透明雲 二重雲 波状雲 放射状雲		半透明雲 すき間雲 不透明雲 二重雲 波状雲 放射状雲 蜂巣状雲	不透明雲 半透明雲 波状雲	放射状雲	
部分的な特徴	乳房雲 波頭雲	尾流雲 乳房雲 穴あき雲		尾流雲 乳房雲 穴あき雲 波頭雲 荒底雲	尾流雲 降水雲 乳房雲	尾流雲 降水雲	尾流雲 乳房雲 降水雲 波頭雲 穴あき雲 荒底雲	降水雲 波頭雲	尾流雲 アーチ雲 ろうと雲 降水雲 波頭雲	降水雲 尾流雲 かなとこ雲 乳房雲 アーチ雲 壁雲 尻尾雲 ろうと雲
付随雲				ちぎれ雲	ちぎれ雲				ずきん雲 ベール雲 ちぎれ雲	ずきん雲 ベール雲 ちぎれ雲 流入帯雲

この表以外に、ICA には Mother Cloud・Special Cloud（特殊な雲）が表記されています。

10種雲形の学名、略号、別名（ページは本書掲載ページ）

上層雲
（5000m〜13000m）

1. 巻雲 けんうん（Cirrus：Ci）
　別名　すじぐも・しらすぐも　P.18

2. 巻積雲 けんせきうん（Cirrocumulus：Cc）
　別名　うろこぐも・さばぐも　P.30

3. 巻層雲 けんそううん（Cirrostratus：Cs）
　別名　うすぐも・かすみぐも　P.40

中層雲
（2000m〜7000m）

4. 高積雲 こうせきうん（Altocumulus：Ac）
　別名　ひつじぐも　P.45

5. 高層雲 こうそううん（Altostratus：As）
　別名　おぼろぐも　P.62

6. 乱層雲 らんそううん（Nimbostratus：Ns）
　別名　あまぐも　P.70

下層雲
（地表付近〜2000m）

7. 積雲 せきうん（Cumulus：Cu）
　別名　わたぐも　P.74

8. 層積雲 そうせきうん（Stratocumulus：Sc）
　別名　くもりぐも・まだらぐも　P.87

9. 層雲 そううん（Stratus：St）
　別名　きりぐも　P.105

10. 積乱雲 せきらんうん（Cumulonimbus：Cb）
　別名　かみなりぐも・にゅうどうぐも　P.112

※乱層雲は「中層雲」に分類されていますが下層・上層にも広がります。
※積雲・積乱雲は下層雲に分類されますが、雲頂部は中・上層に達することがあります。
※積雲・積乱雲を「対流雲」として呼び分ける場合もあります。

種・変種・部分的な特徴・付随雲の例

1. 種 ·········· 雲の見た目の形状による名前

積雲の「並雲」 　層雲の「断片雲」 　層積雲の「塔状雲」 　高積雲の「レンズ雲」

2. 変種 ·········· 雲片の並び方や厚さなどの特徴による分け方

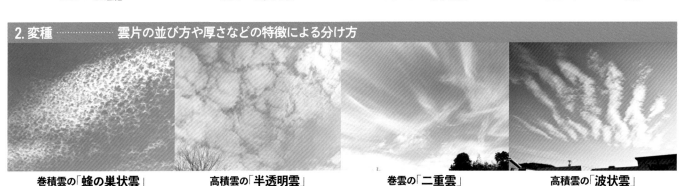

巻積雲の「蜂の巣状雲」 　高積雲の「半透明雲」 　巻雲の「二重雲」 　高積雲の「波状雲」

3. 部分的な特徴 ··· 雲の一部にできる特徴的な雲の形状　　**4. 付随雲** ·········· 主な雲に伴ってできる小さな雲

積乱雲の「乳房雲」 　積乱雲の「アーチ雲」 　積雲の「ちぎれ雲」 　積乱雲の「頭巾雲」

※1つの雲が同時に2つの種に属することはありません。変種・部分的な特徴および付随雲は同時にいくつも見られることがあります。

Prologue 4 分類の基本・10種雲形と名前のつき方

雲はまず10の基本の形に区別され（P.10～11）、これを「10種雲形」と呼びます。雲を観察する際には、この10の雲を見分けることが大切になります。

10種雲形では、まず雲をできる高さによって下層雲・中層雲・上層雲の3つに分け、さらにかたまり状か層状か、あるいは降水を伴う雲かなどの条件で分類しています。

しかし、雲の名前はどれも似ていて大変紛らわしく、最初は覚えるのが結構大変です。まず雲を観察する前に、雲の名前のつき方のルールを覚えておくと良いでしょう（下表）。

簡単に言えば、雲は「**高さ**」+「**形**」で名付けられています。

例えば、上層にできるかたまり状の雲は「巻＋積＝巻積雲」となり、下層にあって広がりを持つ雲は「層雲」となることがわかります。ただし、積乱雲は下層から上層へ、乱層雲は中層から上層や下層へ広がる厚い雲であることに注意が必要です。

10種雲形には学名と略号（巻雲であれば学名「Cirrus」、略号「Ci」）が与えられており、世界的に共通に用いられています。

この他にも「ひつじ雲」や「さば雲」のような、私たちが普段使っている雲の別名（俗名）もありますが、学問的分類とは言えません。

10種雲形の名前のつき方基本ルール

1. 高さ	上層雲（5000m～15000m）名前の**先頭**に「**巻**」がつく	
	中層雲（2000m～7000m）名前の**先頭**に「**高**」がつく	
	下層雲（数十m～2000m）名前に「**巻**」も「**高**」もつかない	
2. 形	かたまり状の雲は名前に「**積**」がつく 水平に大きく広がった雲は名前に「**層**」がつく	
3. 雨	雨を伴う厚い雲には「**乱**」がつく	

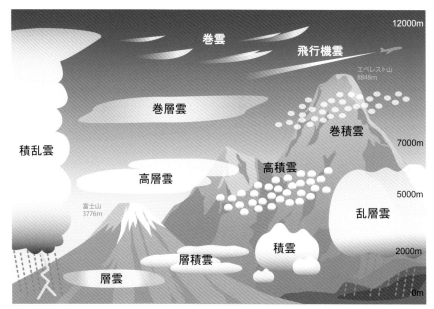

10種雲形とできる高さ。

10種雲形を判別するためのヒント

　雲を見るとき、多くの人は最初に雲の「全体的な形」に目がいくでしょう。そこで、「形」から順に注目していく場合の雲形判別の基準をフローチャートにしました（次ページ）。まず全体の様子が、流れる「**繊維状**」か、小石や綿菓子のような「**かたまり状**」なのか、あるいは空を広く覆う「**層状**」なのかから注目点を絞っていく方法です。

左から繊維状・かたまり状・層状の雲の様子。

雲の高さを判断するためのポイント

　雲を判別するときに、いちばん難しいのは「高さ」の判断です。慣れるまではちょっと迷うのですが、雲の高さを知るためには、いくつかヒントがあります。

1. 雲の濃さと雲底の色で判断

　大気は上層ほど薄く、雲の元となる水蒸気の量も上層ほど少なくなりますから、上層にできる雲は薄く白く、下層の雲ほど濃く太陽の光を通しにくいため、雲底は暗くなります。

　例えば上層の巻層雲・巻積雲はうっすらと空の青さが透けたり、真っ白に見えます。ところが中層の高層雲・高積雲は、雲底の色が明灰色になり、下層にできる積雲は密度が濃くて太陽からの光を通さないので、雲底は灰色〜暗灰色になります。

　見分けの難しい上層の巻積雲と中層の高積雲も、雲底の色を見れば簡単に区別できるのです。

2. 地平線近くからの雲の覆い方で判断

　地平線や水平線まで見渡せる場所では、雲と地表の境界の様子を観察すると雲の高低がはっきりとわかります。低い雲は地平線から覆い被さるように観察者の方へ広がっています。

3. 雲の動く速さで判断

　地表から数百m程度の距離にある低い積雲や層積雲は、私たちに近いため、見かけ上とても速く動きます。逆に10000mを超えることもある上層の雲、例えば巻雲・巻層雲は動きがゆっくりです。どれくらいの速さで雲が動いていくかを観察することで、その雲が上層にあるのか、下層にあるのかをある程度判断することもできます。

4. 朝夕には光の当たり方で判断

　朝夕は雲の高さがはっきり判断できます。夕方、太陽が沈んで空が暗くなるとき、最初に太陽光が当たらなくなって灰色に変化するのは下層の雲。上層の雲は太陽光が当たって輝くからです。朝はこの逆で、最初に白く明るくな

夕暮れの積雲と巻積雲の色の違い＝高さの違い。

るのが上層の雲。雲が何層にも重なっているときは、この変化の様子でおおよその高さを推定できます。

雲の高さをある程度判断できるようになったら、雲の判別はさほど難しくありません。

でも、実際に雲の種類を判別するにはある程度の「慣れ」あるいは「経験」が必要です。雲はいつも典型的な形や様子を見せてくれるわけではないからです。本書のような、雲の写真がたくさん載った本を眺めて、楽しみながらその特徴をつかんでおくのがよいでしょう。

知っておきたい雲の基本知識

1. 雲の高さと形への影響

　雲は、地球を覆う厚さが 1000km ほどある大気の最下層、厚さわずか 13km ほどの「対流圏」というごく限られた大気層で起きる現象です（p.44 コラム）。

　10 種雲形では雲を高さの違う 3 層に分けていますが、雲の高さは雲の形状にも大きく影響します。

　上層雲（5000m〜13000m）ができる高さではジェット気流を中心とする強い風が常に吹いています。そのため、雲の形状や動きは上層の空気の流れに大きく左右されます。巻雲が大きく尾を引くのはこのためです。ところが、**下層雲**（地表近く〜2000m）では夏の積雲や、山際にできる層雲、あるいは笠雲などに代表されるように、地表面温度、地形、

雲判別フローチャート

視点

雲の種類	1. 形状	2. 雲底の色	3. 高さ（雲底）	4. 大きさ（厚さ）	5. 降水	6. 雷
巻雲	繊維状	白				
巻層雲	層状	白	高			
高層雲	層状	乳白	中			
乱層雲	層状	暗灰	低	厚い	あり	
巻積雲	粒・かたまり状	白	高	1°		
高積雲	粒・かたまり状	明灰	中	1〜5°		
層積雲	粒・かたまり状	灰	低	5°以上		
積雲	粒・かたまり状	灰	低	5°以上		
積乱雲	層状・不定形	暗灰・黒	低	背が高い	あり	あり
層雲	層状・不定形	乳白	非常に低い	大きい		

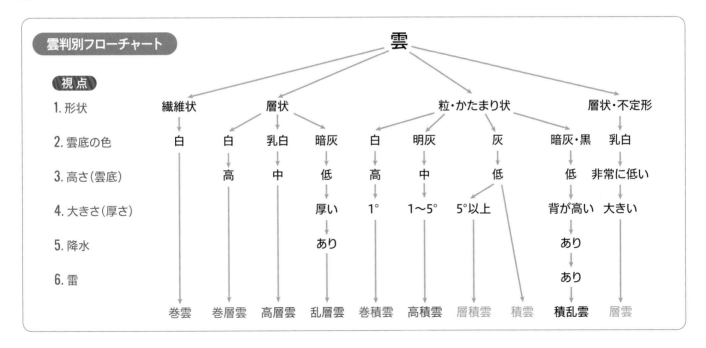

海と陸地の分布状況など、私たちの住む地表の影響を強く受けて変化します。つまり下層の雲ほど地表の影響を、上層の雲ほど地球規模の空気の流れの影響を強く受けていると言えます。

2. 雲ができるのはなぜ？

雲は、空気が何らかの原因で上空へ持ち上げられたときにできます。それには次の空気の2つの性質が関係しています。

性質① 空気のかたまりが上昇すると、周囲の気圧が下がると同時に膨らんで約0.5℃〜1℃／100mの割合で温度が下がる(断熱膨張という)。

性質② 空気は温度が下がると、中に水分を多く含むことができなくなる。

つまり、空気が上昇すると温度が下がる→水分が凝結して雲ができるというわけです。低気圧など上昇気流が起こるところに雲が多く天気が悪いのはこのためなのです。逆

に言えば「雲のあるところ、上昇気流あり」とも言えるのです。

3. 空気はどんなときに上昇する？

空気が上昇する原因には左下図のようなものがありますが、その他にも上空に寒冷な空気が流れ込むことで下層の暖かい空気が急激に上昇したり、地表近くの空気の流れ同士がぶつかって行き場がなくなって上昇する(収束という)など多くの要因があります。

雲が空高くにできて、大気中に浮かんでいるのは上昇気流のため。つまり雲は空気の流れとは切っても切れない現象であり、「雲は見えない空気の流れを可視化している」とも言えるのです。

本文内にちりばめてあるコラムには、雲に関わるその他の基本的な知識をまとめてあります。

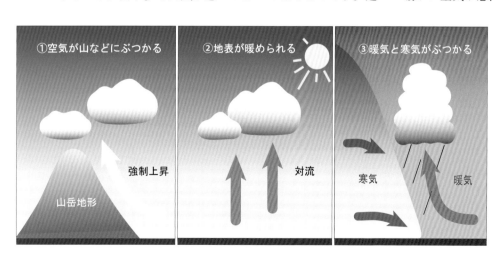

1. 雲のカタログ

The Clouds Catalog

本書では上層雲→中層雲→下層雲の順で 10 種雲形の各雲形ごとに、見られる種・変種・部分的な特徴・付随雲の写真をその特徴とともに示してあります。
レア度は★の数によって5段階で示し、「★」は1年におよそ数十回、「★★★★★」は1年に数回程度の頻度で見られることを示しています。
レア度は観察する地域によって異なりますが、ここでは筆者が住む本州地方を基準にランク付けしました。

巻雲 けんうん（Cirrus:Ci）

空高く、上層に流れる空の女王

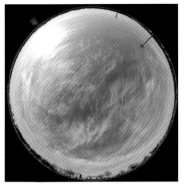

定義 ｜ 分離した白く繊細な繊維状、白や白っぽいまだら、または長く伸びた帯状の雲

別名	すじぐも・しらすぐも
高さ	上層雲（5000m〜13000m）

バリエーション

種	かぎ状雲・毛状雲・濃密雲・塔状雲・房状雲
変種	放射状雲・もつれ雲・肋骨雲・二重雲
部分的な特徴	乳房雲・波頭雲（Fluctus）

　雲の中で最も高い場所にあり、低温のため氷の粒（氷晶）でできている。雲から氷晶が落下すると同時に上空の強い風に流されることで、離ればなれの繊維状の長い流線ができる。

　一般には「ハケで掃いたような」と表現されることが多く、特に春先・秋は日本付近の上空を通過するジェット気流によって美しい巻雲が見られることが多い。「大気光象」が見られることもある。

空いっぱいに広がる巻雲。巻雲のつくる流線の向きで、上空の空気の流れを知ることができる。

魚眼レンズで撮影した巻雲。巻雲の流線は非常に長いことが多く、魚眼レンズでも全体が写らないこともある。

かぎ状雲

（かぎじょううん）

巻雲の代表選手。灰色の部分がなく、終端部分がフック状または房状に曲がっているが、丸みのある盛り上がりにはなっていないもの。流線の揃ったかぎ状雲は繊細で大変美しい。

羽毛のように広がったかぎ状の巻雲が朝日に照らされて輝く。

長く尾を引くかぎ状雲。上層の強い風がつくる造形。

鋭く曲がる短いかぎを持った巻雲。

（種）・・・・・・・・・・・・・・・・・・・・・・・・・・・・・・・・・・・・　レア度 ★★★

毛状雲（もうじょううん）

　繊維状の組織が、まっすぐ、またはやや湾曲して長く伸びているもの。先端が房状に丸まったり、かぎ状に曲がったりしていない巻雲。

　この雲が広がって、繊維状の構造が明瞭でなくなると、「巻層雲」の毛状雲（P.41）との区別がつかなくなる。

　繊維構造が明瞭で、空いっぱいに広がるものにはあまりお目にかかれない。

短い毛状雲。

まっすぐに長く伸びた毛状雲。「ハケで掃いたような」という言葉がピッタリと当てはまる。

大きく広がる夕方の毛状雲。画面中央下、太陽の右には巻雲でできた幻日（P.155）が見えている。

濃密雲（のうみつうん）

濃密で完全に不透明な巻雲。

巻雲は普通、空の青色が透けて見えるくらい薄い繊維状だが、濃密雲は明灰色で太陽の輪郭がぼやけ、太陽光の当たり方によっては灰色がかって見えるほど密度が高い。

しかし、巻雲独特の繊維状の流線が存在し、輪郭が繊維状にほどけていることから他の雲と見分けることができる。

積乱雲のかなとこ雲（P.115）から切り離されてできることもある。

全体的に不透明でかたまり状だが、輪郭のほつれ方は、巻雲らしい特徴を持っている。

大きなかたまり状の濃密雲。

大きな広がりを持つ濃密雲。

（種）.. レア度 ★★★

塔状雲（とうじょううん）

　小さな丸い繊維の塔やかたまりが共通の基盤から盛り上がり、雲頂部が上方に伸びている状態。

　巻雲は上層にあるため、地上にいる私たちには、その盛り上がりが視線方向による見かけ上のものなのか、実際に雲頂部が上方へ伸びているのかの判断が難しい。

　普通は規模が小さく、部分的で形状も目立つことがないため、どうしても注目度は低くなってしまう。

巻雲の場合、「塔状」の名称がぴんと来ないことが多い。

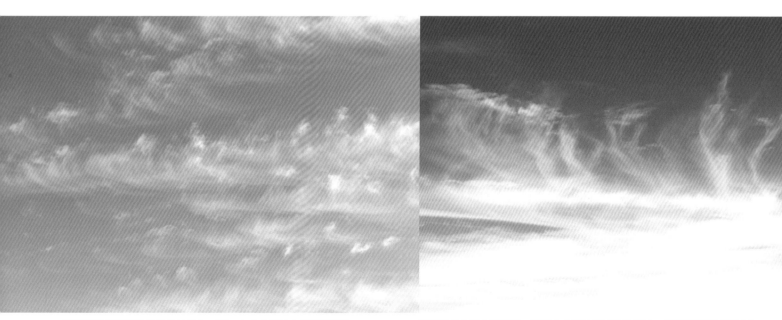

雲頂部分が房状のかたまりになって、小さく盛り上がる塔状雲。盛り上がりは大きくない。

飛行機から見た塔状雲。真横から見る塔状の巻雲は、雲頂部が「見かけ」ではなく、実際に上方に立ち上がって伸びているのがハッキリとわかる。

房状雲（ふさじょううん）

　小さく丸くかたまって房状になり、しばしば雲の一部（多くは雲底部）が尾を引いて伸びている。房の見かけの幅は1°より大きいときもある。房の輪郭はほつれて、巻雲特有の繊維状になっているのが普通。

房状雲の群れ。丸くまとまった房状雲でも巻雲の特徴がはっきりとわかる。

左上：長い尾をひいた房状雲。房の部分から落下した氷晶が強い風に流されて一直線に伸びる尾をつくる。

左：巻雲の房状雲と巻積雲。

23

（変種）……………………………… レア度 ★★★

放射状雲

（ほうしゃじょううん）

　遠近法効果により、地平線上の１点から天頂に向かって放射状に広がっているように見える巻雲。流線は実際はお互いにほぼ平行に並んでいることが多い。

　見通しが良く、開けた場所でないと、なかなか全体を見ることができない。

　部分的に巻積雲や巻層雲で構成されていることもある。

全天に広がる放射状雲。巻雲の放射状雲は大きく広がるので、撮影には超広角レンズが必須となる。

日本上空のジェット気流の「トランスバースライン」による放射状雲。気象衛星画像にもはっきりと平行な雲列が写っていた。

形状はすべて「遠近法」による、いわば「見かけ上」のものであることに注意。地表面に住む人間の視点は限られている。

（変種）・・・・・・・・・・・・・・・・・・・・・・・・・・・・・・・・・・・・・・・レア度 ★

もつれ雲（もつれぐも）

　巻雲の繊維状の流線が無秩序に、様々な方向を向いて入り乱れ、予測不能な状態で絡み合った巻雲。

　普通の巻雲のイメージとはかけ離れており、その形状を言葉で説明するのが難しいが、実は巻雲の中では最も普通に見られる。

もつれ雲を見ると「そこに何が起こっているんだろう」と不思議に感じる。

巻雲の繊維が複雑に絡み合っているように見える。

右：空に広がるもつれ雲。無秩序の美とでも言えそうな美しさがある。

（変種）⋯⋯⋯⋯⋯⋯⋯⋯⋯⋯⋯⋯ レア度 ★★★

肋骨雲（ろっこつうん）

　巻雲にだけ見られる特徴的な形状の雲。その名の
とおり、魚の骨格を思わせる配置で、背骨となる中
心の雲から肋骨がたくさん伸びているように見える。
　落下する氷晶が上層の風の流れで一様に並んで、
肋骨状の形状になる。

「肋骨」部分が短い、片側だけの肋骨雲。

飛行機雲が成因の巻雲による肋骨雲。中心となる直線状の雲から細かな枝が
平行に伸びる。

飛行機から見た肋骨雲。中心から伸びる繊維状の構造がはっきりとわかる。

二重雲（にじゅううん）

　高さの異なった2層の巻雲が、重なり合って見えるもの。ところどころで融合しているときもある。

　ほとんどの巻雲の毛状雲・かぎ状雲はこの変種になり得るが、筋状構造がはっきりしないときは、二重雲だと判断するのが難しいこともある。

　太陽高度が低いときや、2層の雲の流線の方向が明瞭に違ったり、別の種でできているとき、移動方向が異なっているときは判断しやすい。

上層の毛状雲、下層の房状雲と種の異なる2つの巻雲でできた二重雲。

左：夕暮れ時の二重雲。下層の雲には太陽光が当たらず暗いが、上層の雲は明るく輝くことで高さの違いが判断できる。

右：異なる方向の流線を持つときは容易に判断できる。

27

（部分的な特徴） ・・・・・・・・・・・・・・・・・・ レア度 ★★★★

乳房雲（にゅうぼううん）

　巻雲の雲底部が丸まって垂れ下がっているように見えるもの。濃密雲にできることが多い。

　巻雲は繊維状の構造を持つことが多いが、乳房雲の大部分は繊維質ではない。また巻雲の一部分だけが乳房雲になるため、気づきにくく、不安定で長続きすることも少ない。巻雲の中ではもっともレア度が高い。

濃密雲にできた乳房雲。安定せず寿命は短い。

左上：積乱雲のかなとこ雲から分離した巻雲の乳房雲。
継続して観察していないと、かなとこ雲からできた雲とはわからない。

巻雲の尾部に部分的にできた小さな乳房雲群。
淡く不安定。

波頭雲（はとううん：Fluctus）

新しく分類に加わった形。雲頂部がカール状や砕け波の形になったもの。上下層の大気の流れの速さや向きの違いにより波（ケルヴィン・ヘルムホルツ波という）ができ、雲の上面が引っ張られて伸びて波だっているように見える。比較的短命であっというまに形が崩れてしまう。

巻雲は高度が高いため、雲頂が明瞭に波立っているのを目にするには、なるべく地平線近くの低い雲片に注目する必要がある。

夕焼けに染まる波頭雲の上を短い飛行機雲が通り過ぎる。

波状の形状はそこに気流のシア（状態の差）が存在していることを示す。

２重になった波頭雲。

はかなく、美しい秋の象徴

巻積雲 けんせきうん（Cirrocumulus:Cc）

定義 | 影のない薄く白い斑点のシート状または層状の雲。粒状の非常に小さな雲片で構成されている。ほとんどの雲片の見かけの幅は1°未満。

別名	うろこぐも・さばぐも
高さ	上層雲（5000m～10000m）

バリエーション

種	層状雲・塔状雲・房状雲・レンズ雲
変種	波状雲・蜂の巣状雲
部分的な特徴	尾流雲・乳房雲・穴あき雲（Cavum）

白い小石が空に敷き詰められたような姿は美しい。

下：雲が薄いので、空の青さが透けて見えることが多い。

魚の鱗のように見えるため「うろこぐも」、また鯖の体の模様から「さばぐも」などとも呼ばれる。秋に美しい雲と言われるが、秋に特に多いというわけではない。

不安定で形が変化しやすく、雲片のそろった美しい巻積雲にお目にかかることは多くはない。光環や彩雲（P.144～145）などの現象を伴うことも多い。

高積雲（P.45）と見分けにくいが、巻積雲は雲片が薄く、雲底に灰色の影ができないことで区別できる。

層状雲（そうじょううん）

　広範囲にシート状あるいは層状となって、空全体を覆う状態。見事な景色をつくるが均一ではなく、薄いムラや時には裂け目がある。

小さな雲片が空を広く埋める。なぜ、このような雲ができるのか、見るたびに不思議に感じてしまう。

左上：巻積雲が、空全体を広く覆うことはそれほど多くない。（対角線魚眼レンズで撮影）

夕暮れの巻積雲。高積雲と同様、朝夕には驚くほど美しい姿を見せることがある。

（種）・・・・・・・・・・・・・・・・・・・・・・・・・・・・・・レア度 ★★★

塔状雲（とうじょううん）

　個々の雲片が、共通の水平の基底から鉛直方向に小塔状に発達した巻積雲。雲片に厚みがないことが多い巻積雲では比較的まれな状態。

　小塔の見かけの幅が1°未満と小さいため、注意して観察しないとわからない。特に、雲片同士の隙間が詰まった巻積雲ではその判断が難しい。

　雲片に影ができて立体的に見える朝夕、巻積雲がザラついたように見えたら要注意。

夕方の塔状雲。太陽光のあたり方によって垂直方向の構造がわかりやすくなる。

COLUMN　巻積雲・高積雲がうろこや羊の群れになるのはなぜ？

　巻積雲や高積雲のように、同じような大きさの雲の粒＝雲片がたくさん並んで敷き詰められたように見える雲はどうやってできるのでしょう。

　上下に暖かい空気層と冷たい空気層が接していると、暖かい空気は上昇しようとします。味噌汁でおなじみの「対流」という動きです。

　このとき、一定の範囲の空気がかたまりとなって「泡」のようになって上昇し、上昇した空気は今度は冷えて、となりの「泡」との隙間で逆に下降するような動きが起こります（図）。このようにして、たくさんの小さな対流が広く並んでできるのです。この現象を難しいことばで「ベナール対流」といいます。

　ベナール対流によって、空気が上昇するところには「雲」が、下降する場所に「隙間」ができるため、たくさんできた雲が「うろこ」や「羊の群れ」に見えるというわけです。

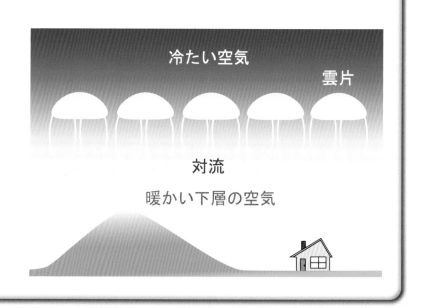

冷たい空気
雲片
対流
暖かい下層の空気

房状雲（ふさじょううん）

　丸みを帯びた雲片がほつれたり薄くなることで、輪郭がはっきりしない雲。

　各房の見かけの幅は常に1°未満の小さなかたまり状で、下部は多少不規則にほつれている。

　雲片が小さいときは、輪郭がほつれているかどうかを判断しにくいときもある。

明瞭に雲片がほつれている房状雲。

小さな雲片の房状雲の群れ。巻積雲は雲片が小さい上に輪郭が明瞭でないものが多いため、房状雲かどうかの判断は難しいことも多い。

（種）.................. レア度 ★★

レンズ雲（れんずぐも）

　雲片が密集して集まってかたまりとなり、全体として凸レンズ状、またはアーモンド状になったもの。ふつうははっきりした輪郭を持ち、大変細長くなることもある。かたまり同士はだいたい離ればなれで、ほとんどが滑らかで全体的に非常に白い。

　層状の巻積雲の雲片群の一部が上層の強い風に流され、切り離されてできる。彩雲が観察されることも多い。

巻積雲の層状雲から切り離されたレンズ雲。ひとつひとつのレンズは、たくさんの小さな雲片が集まってできていることがわかる。

長く伸びたレンズ雲。風が強いときにできるため、上空の風の様子を知ることができるが、形が崩れるのも早い。

放射状に並んだレンズ雲群。

波状雲（はじょううん）

　たくさんの波伏の構造を持ち、細かな縞模様状に波立っているように見えるもの。雲片が薄く小さいため、さざ波状の波状雲になることが多い。

半透明の層状の巻積雲全体が、さざ波のように見える。

たくさんの細かい波が、いろいろな向きの波状雲をつくっている。巻積雲の波状雲では向きの異なった波状の重なりがよくみられる。

通常の巻積雲の雲片（左上）から、徐々に波状雲ができて、隙間が明瞭になっている。雲の形状変化は連続したものであることを示す見本。

（変種）.. レア度 ★★★

蜂の巣状雲（はちのすじょううん）

　まるで蜂の巣のように、たくさんの小さな縁取りのある穴が開いた、層状やシート状の雲。

　巻積雲の蜂の巣状雲は非常に繊細な網の目状になるのが特徴。基本的に雲の消散過程でできるため、あっという間に形が崩れ、短時間で消えてしまう。

　見つけてから写真を撮ろうとしても間に合わないほど変化が早い。

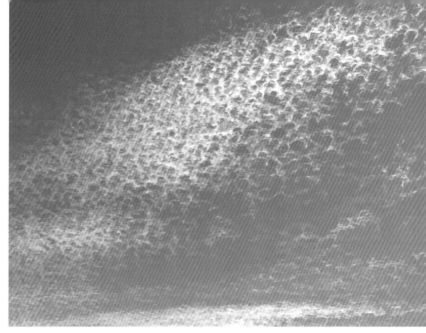

非常にハッキリとした網の目をつくる蜂の巣状雲。数分で形が崩れ、全ての雲が消散してしまった。

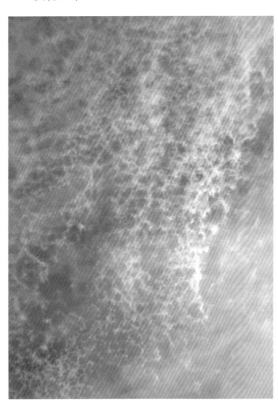

細い糸が絡み合ったような複雑な構造の蜂の巣状雲。

目の細かな蜂の巣状組織。右上の乳房雲と同居している。

尾流雲（びりゅううん）

　雲片から落下する降水（氷晶）が風に流され尾を引いた状態。特に塔状雲や房状雲から流線が落ちることが多い。

　高積雲のように真っ白く長い尾を引くことはまれで、筋状の薄く短い尾が普通。

　高度が高く、降水の密度も小さいので、地表に達する前に蒸発消散するため「降水雲」にはならない。

巻積雲の雲片は薄く小さいので、尾流雲を見つけるのは難しい。雲片のシートの一部分が融け落ちて青い空が見え始めている。

房状雲から生まれた尾流雲。巻積雲は上層高く薄いため、尾流雲が地表に届くことはない。

巻積雲のシートの一部分が尾流雲となって流線をつくっている。

（部分的な特徴）…レア度 ★★★★

乳房雲（にゅうぼううん）

　雲片が下方向に垂れ下がって、たくさんの薄く小さなコブをつくっている状態。

　何となく雲全体の雲底がザラついているように見えるとき、注意深く観察すると、雲底に無数のふくらみを確認できる。

　ときに雲片がまとまって大きめの乳房をつくって垂れ下がることもあり、見事な乳房雲となる。

巻積雲の雲底部分がなんだかザラついて見えるようなときには、じっくりと観察してみると見つかる。

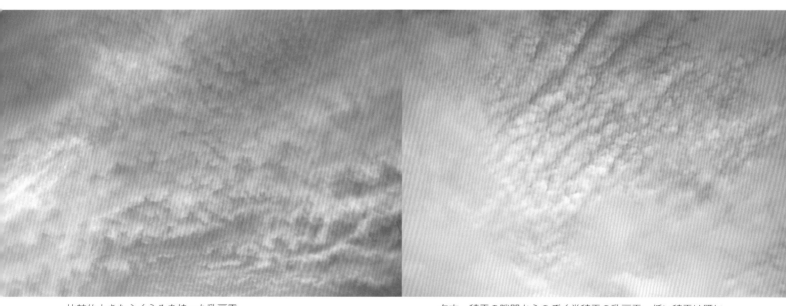

比較的大きなふくらみを持った乳房雲。

夕方、積雲の隙間からのぞく巻積雲の乳房雲。低い積雲は既に色づき、横から光が当たることで乳房雲が浮かび上がる。

穴あき雲（あなあきぐも・Cavum）

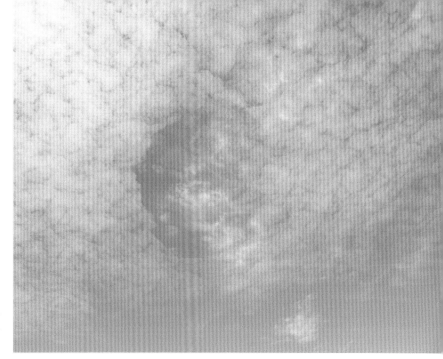

新しい雲の仲間。巻積雲が強く過冷却された水滴からできている場合にのみ見られる。

巻積雲は普通「氷晶の雲」とされるが、まれに「過冷却水滴」からできている場合もあり、条件が揃わないとこの雲は発生しない。

巻積雲の中ではいちばんレアな雲。

半透明の巻積雲のシートの一部分に穴が開いて、穴の中心から穴あき雲特有の流線が落ちている。流線は雲をつくっている水滴が凍結・成長して氷晶になったもの。

COLUMN　雲はなぜ空中に浮かんでいるのか？

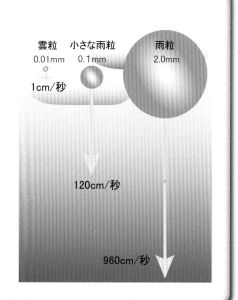

雲粒　小さな雨粒　　雨粒
0.01mm　0.1mm　　2.0mm

1cm/秒

120cm/秒

960cm/秒

雲は、直径約0.01mm程度の非常に小さい水滴や氷の粒（氷晶）がたくさん集まったものです。普通の雨粒は直径2mm程度なので、雲粒の直径は1／200ほどしかありません。たとえると、両者には大きめの砂粒とバレーボール（直径21cm）ほどの違いがあります。

さて、水滴の最終的な落下速度は大きさで決まります（右図）。これを終端速度と言い、普通の雨粒では10m／秒ほど。

ところが、雲粒は小さく軽いので終端速度は1cm/秒程度しかありません。つまり10分間で6mほどしか落下することができないのです。

これだけゆっくりだと、落ちているのがわからないばかりか、ちょっとでも雲の内部にある上昇気流の影響を受けると、まったく落ちてくることができません。これが、雲が「浮かんでいる」理由です。

雲粒が成長して大きくなり、終端速度が増して、上昇気流に打ち勝つようになると雲粒は晴れて「雨粒」となって雲を離れて、地上に向かって落ちてくるのです。

いろいろな大気光象を産む魔法使い

巻層雲 けんそううん（Cirrostratus:Cs）

巻層雲と暈。

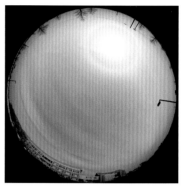

定義 | 繊維状や滑らかな、透き通っているか白っぽい雲の膜。空を全体的または部分的に覆い、ハロ現象をつくり出すことが多い。

別名	うすぐも・かすみぐも
高さ	上層雲（5000m～10000m）
バリエーション	
種	毛状雲・霧状雲
変種	二重雲・波状雲
部分的な特徴・付随雲	なし

　薄く広がり、この雲で空全体が薄く白みを帯びて見える。薄いときにはその存在に気づきにくい。

　バリエーションが少なく、これと言った特徴もないが、この雲によって「暈」（「ハロ」ともいう）などのいろいろな大気光象（P.139）が見られることがあり、雲の観察者にとっては興味を引く刺激的な存在。

　中層の高層雲と見分けにくいが、高層雲には暈ができないこと、また地面に落ちる樹木・建物などの影の輪郭が、巻層雲ではシャープで明瞭だが、高層雲ではぼんやりしていることで区別できる。

巻層雲は暈＋飛行機雲とセットで現れることも多い。

桜の季節の巻層雲。春先には毎日のように巻層雲が空を覆い、白っぽい空をつくる。

（種） ………………… レア度 ★

毛状雲（もうじょううん）

　薄い繊維状の縞模様が見られる巻層雲の広がり。巻雲の毛状雲との判断が難しいこともあるが、巻層雲の毛状雲は、全天に広がっている膜状の雲に筋状の構造が見える。繊維状の構造も巻雲ほど明瞭ではない。

　巻雲の毛状雲、かぎ状雲から変化してできることもある。

繊維状の構造が明瞭な巻層雲。広く一様に広がることで巻雲と見分けがつく。

桜の季節の毛状雲。

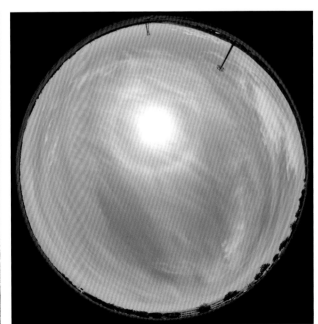

毛状雲によってできた22°ハロ（P.149）。
（魚眼レンズで撮影）

41

（種） ·· レア度 ★

霧状雲（きりじょううん）

春先によく見られる、何となく空全体が霞に包まれたようで明瞭な特徴のない巻層雲。空の色は青みが少なく明るい白色になる。ハロを伴うことが多い。

霧状雲による暈は、輪郭がぼやけてハッキリしないものが多い。

左：霧状雲が厚くなってくると高層雲との見分けが難しくなるが、暈が見えていれば判断は簡単。

右：魚眼レンズによる霧状雲。霧状雲は空を彩度の低い世界に変えてしまう。春に多い「かすみ雲」とはこの雲のこと。

二重雲（にじゅううん）

2層の雲が重なったもの。高さの違いはわずかで、時には部分的に融合していることもあるため、重なりをはっきりと確認するのは困難。

二重雲とわかるのは毛状雲など、雲の走向などの構造の違いがわかる場合や、しばらく観察して雲の移動方向の違いを確認できた場合だけになる。

毛状雲の二重雲。二重雲だとわかるのは繊維状の構造がある場合に限られる。

COLUMN　「巻層雲では22°ハロ（暈）ができる」は本当か？

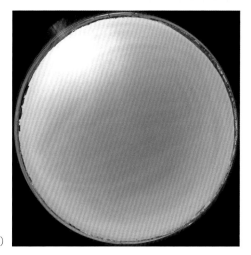

書店に置かれた多くの雲関係の本、ネット上の Web サイトを見てみると、多くに「巻層雲では暈ができる」あるいは「暈があるのが巻層雲の特徴」と記述されています。でも、これらの記述はちょっと説明不足。巻層雲であっても暈ができないことも多いのです。

巻層雲をつくる氷晶が内部に気泡を含んでいたり、小さすぎて光を屈折させることができないときには巻層雲でも暈はできません。（氷晶で大気光象が起きる理由は P.140 を参照）。

つまり、「巻層雲では暈ができる」というのは正しくなく、「巻層雲で暈ができることがある」または「暈ができているときの雲は高層雲ではなく巻層雲と判断できる」というのが正確なところなのです。

暈のない巻層雲。（魚眼レンズで撮影）

波状雲（はじょううん）

巻層雲は空全体にトレーシングペーパーをかぶせたようにほんのり白く見えることが多いが、そのトレーシングペーパーにしわができて、白みにムラができたように見えるのが巻層雲の波状雲の特徴。もともと空が透けて見えているため、雲に隙間ができるというより雲の幕にしわができたように見えるのが普通。

いくつもの向きがある、さざ波のような波状雲。波状雲で上層の空気の流れを知ることができる。

なんとなく白っぽい空の一部にしわができることで雲の存在に気づくこともある。

COLUMN 雲ができる場所

雲は私たち地球の大気圏のいちばん下層である「対流圏」＝地表から高さ約13000m（13km）までの範囲で起きる現象です。

13kmというと、すごく高いところのように感じますが、約1000kmある大気層のわずか1/80しかありません。

直径13000kmの地球を30cmのバスケットボールにたとえると、雲ができる対流圏の厚みはわずか0.3mm、ちょっと厚めの紙1枚ほどしかないのです（右図）。

この、ほとんど地球の表面と言っていいほどの、薄い層の中で起きているのが、私たちの見ている壮大な雲という現象なのです。

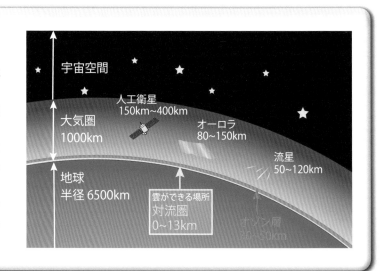

宇宙空間

大気圏
1000km

人工衛星
150km〜400km

オーロラ
80〜150km

流星
50〜120km

地球
半径6500km

雲ができる場所
対流圏
0〜13km

オゾン層

最も表情豊かで美しい雲

高積雲 こうせきうん（Altocumulus:Ac）

早朝の高積雲。朝夕の高積雲は陰影が
つくことで特に美しい姿を見せる。

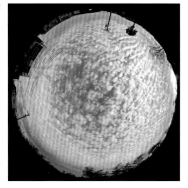

定義 | 白色や灰色、あるいは白・灰混ざったまだらの雲の層。規則的に並ぶ雲片の大部分は、見かけの大きさ1〜5°で、丸みを帯びたかたまりやロールなどの形。時には部分的に繊維状になったり拡散しているものもある。

別名 .... ひつじぐも・まだらぐも
高さ .... 中層雲（2000m 〜 7000m）

バリエーション
種 .... 層状雲・レンズ雲・塔状雲・房状雲・ロール雲（Volutus）
変種 ...... 半透明雲・不透明雲・隙間雲・二重雲・波状雲・放射状雲・蜂の巣状雲
部分的な特徴 ...尾流雲・乳房雲・穴あき雲（Cavum）・波頭雲（Fluctus）・荒底雲（Asperitas）

　雲のかたまりが空に散らばって浮かぶ姿が、ひつじの群れに似ていることから、「ひつじ雲」と呼ばれ親しまれている。ただ、高積雲は種・変種のバリエーションが12種もあり、必ずしも高積雲が「ひつじ」に見えるわけではない。
　高積雲は巻積雲と見分けることが難しいが、雲片が巻積雲より大きく、雲の底に灰色の影を持つことで区別できる。

ひつじ雲。かたまり状の雲片の底部が灰色の影になるのが高積雲の特徴。

空を埋める高積雲の雲片群。

45

層状雲

（そうじょううん）

　たくさんの雲片が空いっぱいに広がって、空を覆うように見えるもの。高積雲はこの層状雲であることも多い。

　巻積雲の層状雲は雲片が非常に小さく真っ白で平面的に見えるのに対し、高積雲では雲底に灰色の影ができることで立体的になる。

　特に朝夕に粒のそろった雲片が空を埋めつくすと、素晴らしい景色になる。

空を埋める層状雲。雲片の大きさはさまざまだが、雲底が明灰色という高積雲の特徴は共通。（対角線魚眼 レンズで撮影）

　朝、全天を埋める層状雲。（パノラマ撮影）

レンズ雲（れんずぐも）

　凸レンズやアーモンド形の輪郭のハッキリした断片。非常に細長くなったり、小さな雲片がグループ化する場合もある。

　通常、高積雲は1〜5°程度の小型の雲片の集まりだが、レンズ雲の場合はかたまり状の大きな雲片をこの名で呼ぶ。時折、彩雲が見えることがある。

　高積雲のレンズ雲の成因は「上空の強い風」と「山岳地形」の2つがある。

左上：夕闇に浮かぶレンズ雲。
左下：山岳地形（標高2501m）によるレンズ雲。

下から見たレンズ雲。気象衛星の画像からもその存在が確認できるほど大きい。
（対角線魚眼レンズで撮影）

小さく細長いレンズ雲の集団。水平に長く伸びることも多い。

（種）⸺⸺⸺⸺⸺ レア度 ★★

塔状雲（とうじょううん）

　同一高度で並んだ雲片から鉛直に立ち上がる、積雲状の小塔の群れ。高積雲の雲片は扁平であることが多いが、塔状雲はそれぞれの雲片が垂直方向に発達するので、泡だったように立体的に見える。

　夕方、太陽が沈む間際の雲底が暗くなるような時間帯には明瞭に判断できる。

雲片の上部が上方向に立ち上がって、全体として立体的に見える。

左：層積雲（下方）の上にできた高積雲の塔状雲。雲頂部にだけ太陽光が当たり、明るいことで鉛直構造が明瞭になる。

右下：塔状雲の立体的な夕焼け。

房状雲（ふさじょううん）

雲片ひとつひとつの輪郭が羽毛状にほつれている状態の雲。雲底には繊維状の流線（氷晶の尾流雲）を伴うこともある。房の大きさはさまざまで、同じ種とは思えないほど表情が違って見える。

雲片の輪郭が完全にほどけ、繊維状になった房状雲。これほど明瞭にほどけていることは多くない。

夕方近く、球状の雲片の房状雲。

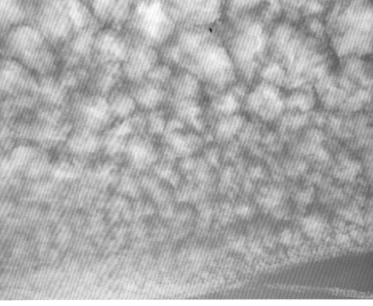

融けてなくなりそうな薄い半透明の房状雲。

49

（種）............. レア度 ★★★★★

ロール雲（ろーるぐも：Volutus）

新しく分類に入れられた雲。

大気のぶつかり合いで発生する水平の渦によってできる、横長の細いチューブ状の雲。水平軸を中心にゆっくりと回転して移動するように見える。

単独のライン状の雲として発生することが多く、空を横切るほど長く伸びることはほとんどない。

非常に珍しい。

高積雲の二重雲のうち、下層の雲が数本のロール状になって移動している。動画でも、雲がねじれながらこちらに向かって移動しているのを確認できた。

COLUMN　空はなぜ青いのか？

太陽光には波長の短い「青い光」から、波長の長い「赤い光」まで、いろいろな色が混ざっています。

太陽光は地球の大気を通過して地表にいる私たちに届きますが、波長が短い青い光だけは大気中の非常に小さな空気の分子（酸素や窒素）に当たって「まき散らかされ」ます。この現象を「レイリー散乱」（下図）と言います。

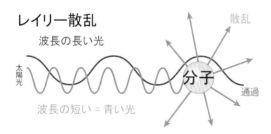

レイリー散乱

波長の長い光

太陽光

波長の短い＝青い光

分子

散乱

通過

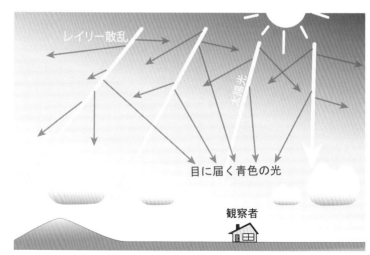

レイリー散乱

太陽光

目に届く青色の光

観察者

その結果、上空でまき散らかされた「青い光」が、空じゅうから私たちの目に飛び込んできて、空一面が青色に見えると言うわけ。つまり、空が青いのは地球の「大気」のせいなのです。じゃあ、「夕焼けはなぜ赤いの？」……答えは P.137。

半透明雲（はんとうめいうん）

　厚みがなく、大部分で太陽または月の位置が明らかなほど半透明な高積雲。この変種は層状雲およびレンズ雲でできることが多い。バックの空の青さが透けて見えることもある。

　雲片が薄いため立体感に乏しく、空にちぎり絵を貼り付けたように平面的な光景をつくる。

右上：空いっぱいに広がる半透明雲。全体として青みがかって見えるのが特徴。（対角線魚眼レンズで撮影）

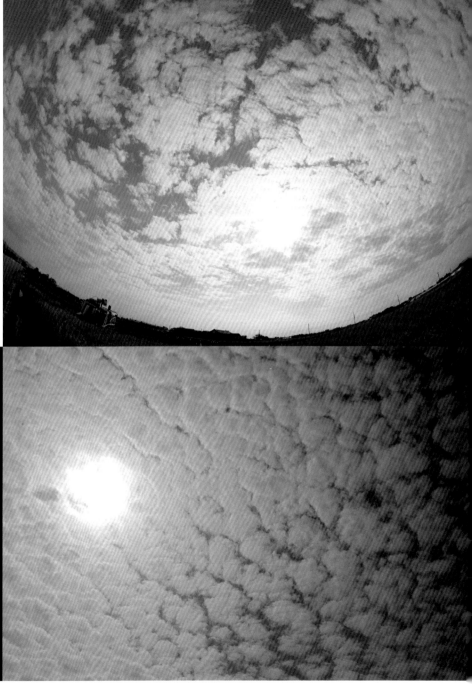

モザイク状の大きな雲片の半透明雲。空の青さが透けて見える。（魚眼レンズで撮影）

比較的厚く目が詰まっているが、それでも太陽は透けて見える。

（変種）··· レア度 ★

不透明雲（ふとうめいうん）

　層状雲でかなり頻繁に見られる。雲の層の大部分が不透明で、太陽または月を完全に覆い隠すほど濃いもの。雲底の影は濃灰色になる。雲片の隙間が詰まってくると太陽の姿はまったく見られなくなってしまう。

　不透明雲がさらに厚みを増し、隙間がなくなるようになると、やがて雲底は下がり徐々に乱層雲に変化し天気は崩れて雨となる。

不透明雲では雲底は暗く、暗灰色のことが多い。

厚みのある雲片のわずかな隙間から太陽の光が漏れる。

厚みを増すと、太陽の存在がかろうじてわかる程度まで暗くなる。（対角線魚眼レンズで撮影）

（変種）⋯⋯⋯⋯⋯⋯⋯ レア度 ★

隙間雲（すきまぐも）

　層状雲で多く見られる。雲片の間が広く、はっきりと隙間があいた状態で、隙間からは太陽や月、空の青色やさらに上層の雲がのぞく。

　隙間が時間とともに大きくなっていったり、高積雲の雲片の輪郭がほどけて、雲片が小さくなっていくようなときは天気が良くなる兆し。

全天に広がった隙間雲は見応えがある。

輪郭がほつれはじめ隙間雲の間隔が広がり、雲が薄くなっていくようだと晴れる。

魚眼レンズで撮影した隙間雲。青空がかなり見える。

53

（変種）⋯⋯⋯⋯⋯⋯⋯⋯⋯⋯ レア度 ★★

二重雲（にじゅううん）

　高さの異なる2つ以上の雲の層が重なったもの。部分的に融合していることもある。

　高積雲に限らず、二重雲は太陽高度が低くなると高さの差が明瞭になる。

　この変種は層状雲とレンズ雲で生じる。

下層の高積雲の隙間から、上の雲が透けて見える。
上層の雲には太陽光が当たり続けるため明るく、下層の雲は光が当たらないことで灰色となる。

夕暮れの二重雲。明るさの差は高さの差。

夕方の二重雲は明るさの違いではっきりとわかる。夕焼けでは色の違いも明瞭で、二重雲を見分けやすい。

波状雲（はじょううん）

　波状雲は10種雲形のうち6雲形に見られる典型的な形状であるが、その中でも高積雲の波状雲は最もダイナミックで美しい。

　特に全天を高積雲の波状雲が覆うようなときはため息が出るほど見事な光景。ただ、形が崩れやすく、美しい姿は長続きしない。

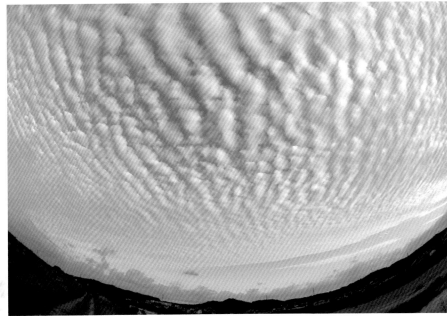

全天に広がる波状雲。（対角線魚眼レンズで撮影）

春先、濁った空に規則正しく
縞模様をつくった波状雲。

見えない空気の流れがわかるような波状雲。
上空の空気は雲列に垂直の向きに流れている。

（変種）⋯⋯⋯⋯⋯⋯⋯⋯ レア度 ★★

放射状雲

（ほうしゃじょううん）

　高積雲が広く空を覆い、雲片が地平線の1点から放射状に広がっているように見えるもの。層状雲でできることが多い。

　これらの形状はあくまでも地上から見たときの「遠近法効果」によるものであることに注意。

　きれいに放射状に広がった全体像を写真に収めるためには、「超広角レンズ」が必須となる。

大きく広がった放射状雲は東西に開けた場所で見つけやすい。

左下・右下：典型的な放射状雲。高積雲は雲片の大きさと適度な高度の相互の効果により、明瞭な扇形をした見事な姿を見せる。

（変種）⋯⋯⋯⋯⋯⋯⋯⋯ レア度 ★★★

蜂の巣状雲

（はちのすじょううん）

網目または蜂の巣状に並ぶ、たくさんの円形の穴を持つ雲。穴の多くは輪郭のはっきりした雲で縁取られている。

高積雲では、巻積雲よりも濃く大きく広がった組織を持つが、多くの場合、形状は安定しない。

雲の「穴」は下降気流の存在を示し、次第に薄く変化し消えていくことが多い。天気が良くなる兆しとされている。

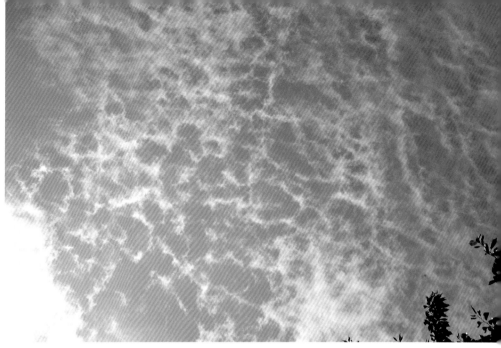

尖ってギザギザしたエッジを持つ蜂の巣状雲。

雲片の半分が蜂の巣状に穴だらけになっている。

大規模な蜂の巣状の組織。この後すぐに、雲一つない快晴になった。

（部分的な特徴） ·························· レア度 ★★★

尾流雲（びりゅううん）

　高積雲の尾流雲は、いかにも尾流雲らしい典型的な形状をしたものが多い。それぞれの雲片から絵に描いたような尾を引いているのを見ることができる。

　ほとんどの場合、降水は地表まで届かずに蒸発してしまうので、降水雲にはならない。

高積雲は 2000m 以上の高さにあり、降水になることはほとんどない。

夕日に照らされる尾流雲。

（部分的な特徴）レア度 ★★★
乳房雲（にゅうぼううん）

　高積雲の乳房雲は、小さい個別の雲片から垂れ下がるのではなく、大きなかたまり状の雲片の下部にたくさんの小さな丸い膨らみができる。

　太陽高度が高い時間帯には存在がわかりにくく、朝夕の太陽高度の低い時間帯に、太陽が雲底を照らし出すときに見つけやすい。

夕方、雲底が明るく照らされ、空が暗くなることでコントラストが増す。

大きなかたまり状の雲片に乳房雲が垂れ下がるが、規模は大きくはない。　　　夕焼けに染まる高積雲の乳房雲。

穴あき雲（あなあきぐも：Cavum）

中央に「煙」のような氷晶の流線ができるのが特徴。

　過冷却水滴の雲にできる、楕円形や直線状の雲の穴。穴の中央に成長した氷晶の落下による、独特の「流線模様」ができるのが特徴。

　上空の巻雲や飛行機雲から氷晶が落下して高積雲に到達すると、「水滴が氷晶に喰われる」現象が起き、氷晶が成長するとともに水滴が消散してできる。

　穴は時間経過と共に成長し、大きくなっていく。航空機が原因で生成する場合には、直線状となることが多い。

　出現はまれで安定しない雲のため、目撃は難しく、奇妙な形状から時々テレビのニュースで取り上げられる。

大きく広がった層状雲にぽっかりと空いた穴。

穴あき雲から落ちる流線。雲をつくる水滴は氷晶によって吸収され、穴はどんどん広がり、成長した氷晶は重くなって落下する。

（部分的な特徴）……………… レア度 ★★★

波頭雲（はとううん：Fluctus）

新しく分類に入れられた雲。非常に不安定。高積雲の場合は規模の小さい波頭状、あるいはカールした雲。

（部分的な特徴）………… レア度 ★★★★

荒底雲（こうていうん：Asperitas）

高積雲の中では異色の存在。粒状・かたまり状である通常の高積雲とは明らかに様子が異なる。「荒れた海面を下から見ているような、雲の下面の発達した波状の構造」と定義されており、高積雲と層積雲にのみ分類されている。中層の層状の雲にこの特徴が見られる場合は、高積雲に分類するしかない。

層積雲（P.103）同様に、非常に奇妙で不気味な雲底をつくるが、高さがある分、そのうねり模様の規模は小さく、数が多い。

空をモノトーンの世界に変えるペンキ屋

高層雲 こうそううん（Altostratus:As）

別名	おぼろぐも
高さ	中層雲(2000m 〜 7000m)

バリエーション

種	なし。外観と全体的な構造が均一なために種に細分されない。
変種	半透明雲・不透明雲・二重雲・放射状雲・波状雲
部分的な特徴	尾流雲・乳房雲・降水雲
付随雲	ちぎれ雲

定義 | 灰色、またはやや青みがかった均一な雲の層。空を全体的または部分的に覆い、すりガラスのように太陽がぼんやりわかる程度の厚みがある。ハロをつくらない。

空全体を乳白色〜灰色一色の平坦なモノトーンの世界にする。目立った特徴がないため、バリエーションである「種」が存在しない。太陽や月は輪郭がぼやけて見える。

不透明雲。空はべったりと平坦に見える。

全天を薄灰色にそめる高層雲。

（変種）・・・・・・・・・・・・・・・・・・・・・・・・・・・・・・・・・・・・・・ レア度 ★

半透明雲 （はんとうめいうん）

太陽や月の位置が明らかにわかる程度に半透明な高層雲。白色から明灰色のほとんど彩度やコントラストのない空をつくる。

高層雲の多くはこの半透明雲。薄い場合は巻層雲と見分けにくいが、①ハロができない、②太陽や月の輪郭が明瞭でない、③地表に落ちる物影の輪郭がはっきりしない、という3つの視点で判断できる。

巻層雲は空の青色が透けて見えることも多いが、高層雲の半透明雲は空全体が明灰色で、色もコントラストもほとんどない。

春先には暖かい日差しとともに、なんとなくけだるい空気感をつくり出す。

（変種）·················· レア度 ★

不透明雲（ふとうめいうん）

　雲の大部分が太陽や月を完全に隠すのに十分なほど厚く、不透明な高層雲。

　全天を覆う高層雲が厚みを増し、空全体がやや濃い灰色一色になって「太陽のある場所がなんとなくわかる」程度になったもの。

　不透明雲がさらに厚みを増し、雲底の高度も低くなるようなときは乱層雲に変化し、天気は崩れる。

不透明雲の多くは太陽の存在がほとんどわからず、地上の景色も立体感がなくモノトーンに見える。

　全天を抑揚のない明灰色〜暗灰色に染める。

不透明雲が厚さを増すと色は濃灰色になり、弱い降水があるときもある。

二重雲（にじゅううん）

　わずかに違う高さに重なり合ってできた高層雲で、部分的に融合していることもある。この変種はめったに見られない。

　高層雲はべったりと全天を覆うことが多く、下層の雲で隠されると、その上にあるはずの雲を見ることができない。また、下層の雲に隙間ができても全体にコントラストのない雲であることから、地上から2層の高さの差を判断することは難しい。

半透明雲と波状雲による高層雲の
二重雲。コントラストのない高層
雲においては、明瞭に2重になっ
て見えることは少ない。

放射状雲（ほうしゃじょううん）

　水平線の1点から放射状に広がって見える高層雲。高層雲は平坦な雲であるため、放射状雲もほとんど見られない。

　波状雲など、雲自体に明瞭な構造が見られる場合にのみ確認できる、ある意味レアな存在。

波状構造による放射状雲。

波状雲（はじょううん）

高さによる風の速さ・向きの違いで雲が波状になったもの。高層雲では雲に明らかな隙間ができて青空がのぞくことは少なく、雲の一部にしわができて、灰色の濃淡の縞模様になるのが特徴。

半透明雲の一部に小さな隙間ができた波状雲。
右下にはうっすらと太陽が透けて見える。

雲の一部にしわができるのが
高層雲の波状雲の特色。

尾流雲（びりゅううん）

雲底の一部から、少し暗い繊維状の流線が流れているように見えるのが唯一の特徴。

高層雲は空全体が灰色から暗灰色のコントラストのない空になるため、濃灰色の流線を意識して探さないと見のがしてしまう。

夕日に照らされる高層雲の雲底と尾流雲。

高層雲の尾流雲は雲底の繊維状の
濃淡だけが発見の手がかり。

（部分的な特徴）レア度 ★★★

乳房雲（にゅうぼううん）

雲底が丸く垂れ下がった状態。高層雲では典型的な乳房雲が見られる。

高層雲はもともと明暗コントラストが低い上に、乳房雲は変化が早く安定しないので雲底に常に注意を向けていることが必要。

雲底が融け落ちているような乳房雲。空に不気味な雰囲気をつくる。

大小の球状の乳房雲。

遠方に見える乳房雲。

降水雲（こうすいうん）

　厚い高層雲からは弱い降水があることもあるが、道路をぬらすほどの量を短時間に降らせることは少ない。

　降水が写真に写るほど顕著ではなく、雲自体も灰色でコントラストがないため、写真を撮るのは難しい。

写真では降水の存在がわかりにくい。雲底からかすんだすじのように雨が落ちている。

ちぎれ雲（ちぎれぐも）

　厚めの高層雲の下に流れる雲の破片。

　本体の高層雲の雲底下に、さらに暗い灰色の雲のシルエットができることで存在を知ることができる。

コントラストのない高層雲に柄をつけるちぎれ雲。

長雨を降らせるいたずら小僧

乱層雲 らんそううん（Nimbostratus:Ns）

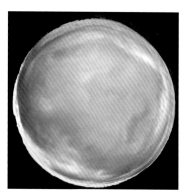

別名 ………………………………………………………… あまぐも
高さ ……………… 雲底は下層、雲頂は中層（2000m 〜 7000m）以上。
バリエーション
種 …………………………………………………………………… なし
変種 ………………………………………………………………… なし
部分的な特徴 ……………………………………… 尾流雲・降水雲
付随雲 …………………………………………………… ちぎれ雲

定義｜ 灰色の厚い雲の層。連続的な雨や雪によって雲底の輪郭は拡散してぼやけているのが普通。太陽を隠すのに十分な厚みがある。

　雨をもたらす雲の代表。数時間から数日間にわたり比較的弱い雨を降らせる。雲底はややムラのある暗灰色で、雲の切れ間がほとんどなく、太陽の存在もわからない。この雲が空を覆うと昼間でも暗く陰鬱な雰囲気になる。

　積乱雲のような土砂降りになることは少なく、雷もない。

　種・変種がなく、部分的な特徴や付随雲もわずか3種という変化に乏しい雲。

空全体を覆う暗い雲底。厚みがあるため太陽光を通さず、雲底は暗灰色となり、陰鬱な雰囲気を醸し出す。（対角線魚眼レンズで撮影）

降水のため遠くの景色は霞んで見える。

（部分的な特徴）………… レア度 ★★

尾流雲（びりゅううん）

　雲からの降水が地表に届く前に蒸発してしまい、地上で降水にならない状態。乱層雲では、雲が空全体を覆っていて雲底が低く、観察者自身が降水の中にいることも多いため、見えている雨脚が地表に届いているかどうかを判断することは大変難しい。

　地表のごく近くの雨脚の様子に注目する必要がある。

乱層雲の雨脚。雲底の低い乱層雲では降水雲と尾流雲の判別は難しい。

COLUMN　雨粒の原料は雪結晶

　私たちが地上で見る雨のほとんどは、上空の雲の中でつくられた「雪結晶」が融けて落ちてきたものです。

　雲の中では、まず微小な水滴（雲粒）が凍結し氷晶となり、それが成長して雪の結晶となります。次に結晶が大きく成長したり、結晶どうしがぶつかって絡まったりして重くなると落下をはじめ、途中で融けて雨滴になり、地上へ降ってくるのです。

　このように、雪結晶を経由して雨滴ができるような中緯度地方の雨を「冷たい雨」と呼び、熱帯の積乱雲などでできる「暖かい雨」と区別しています（降ってくる雨自体が暖かいわけではない）。

　さて、冬は気温が低く、雲の中の雪結晶は落下途中に融けずに（雨にならずに）地表まで落ちてきます。特に、寒冷な地方では地上に届いた後も、融けずに長く形をとどめるので、美しい雪結晶を目にするチャンスも大きくなります。

志賀高原で撮影した雪結晶。

（部分的な特徴）⋯⋯ レア度 ★

降水雲（こうすいうん）

　雨を降らせることが大きな特徴の乱層雲は、すなわち全体として降水雲の特徴を持つのが普通。

　雲全体から雨が降ることが多いので、「明らかに雨が降っている部分がある」という場面を目にするためには、タイミングとちょっとした注意も必要。

暗灰色の膜の一部からの強い降水。

降水によって乱層雲の雲底は乱されて、ほつれ、輪郭がハッキリしないことも多い。

わずかな隙間から降水に太陽光がさして、雨脚がハッキリと見える。

ちぎれ雲

（ちぎれぐも）

　乱層雲の雲底下にできる、比較的小さな雲片。乱層雲下で頻繁に観察され、下層の風に流されてみるみる移動していく。形状はかたまり状であったり、輪郭がほつれていたりとさまざま。

　「ちぎれ雲」自体は積雲や層雲にも分類される雲である。

ちぎれ雲は悪天の象徴。雲底にこの雲が存在するということは、
それだけ雲底下の湿度が高いということでもある。

陰鬱な雰囲気の雲底とその下を流れるちぎれ雲。

輪郭がほつれたちぎれ雲。

誰もが思い浮かべる雲の代表選手

積雲 せきうん（Cumulus:Cu）

定義 | 密度が高く、はっきりした輪郭を持つ分離した雲。盛り上がった丘陵状やドーム状に成長し、雲頂部はカリフラワーに似ている。太陽光が当たる部分は鮮やかな白色で、雲底は比較的暗く水平であることが多い。

別名	わたぐも
高さ	下層雲(100m ～ 2000m)

バリエーション

種	扁平雲・並雲・雄大雲・断片雲
変種	放射状雲
部分的な特徴	尾流雲・降水雲・アーチ雲・漏斗雲・波頭雲(Fluctus)
付随雲	頭巾雲・ベール雲・ちぎれ雲

「雲」を思い浮かべるときに最初にイメージする雲。「わたぐも」とよばれるとおり、柔らかなかたまり状をしており、子どもが「シュークリーム」や「わたあめ」を連想するのはこれ。

積雲は鉛直方向の発達の段階によって扁平雲・並雲・雄大雲の３つの段階に分けられ、夏季、地表が強烈な日射で熱せられて、強い上昇気流が発生するときには雄大雲からさらに発達した積乱雲へ発達・変化していく。

田植えの終わった水田の上の積雲。長い冬が終わり、日射で地表が温められるようになると、積雲の群れが現れる。（対角線魚眼レンズで撮影）

扁平雲（へんぺいうん）

鉛直方向にあまり発達していない積雲。いわば積雲の子ども。

雲片の高さより横幅が広く、全体的に平べったいため、地平線方向に見えるときでも雲片が重ならず、青空の中に白い島のように浮かんでいるように見える。

春先や秋など日射があまり強くない季節に多く見られる。

収穫の季節の扁平雲。夏の間、強い対流で鉛直に盛り上がっていた積雲は、秋になり地表の温度が下がると同時に薄いものが多くなる。

春先の扁平雲の群れ。日本海側では春の使者とも言える扁平雲は、日差しの強さがますにつれ鉛直に大きく発達するようになる。

地平線近くは雲片を横から見ることができ、盛り上がり・厚さがわかりやすい。雲底は同じ高さに揃う。

並雲（なみぐも）

もっとも典型的な積雲で、雲片の高さと幅がほぼ同じ程度の雲。扁平雲よりも鉛直方向に発達し、雲頂はシュークリームのように盛り上がって割れている。

厚みがあるため、雲底には灰色から暗灰色の影がはっきりと見える。

典型的な積雲の形。並雲の雲頂はドーム状に盛り上がるが、雲底は直線状になる。
地平線方向の雲を見ると、雲片の間に隙間ができない。

積雲群。雲底はほぼ同一高度に並ぶ。

厚さのために雲底は扁平雲よりも暗い。

雄大雲（ゆうだいうん）

　鉛直・水平方向に大きく発達した、全体が山のように巨大な積雲。シャープな輪郭を持つ。

　夏季には地表が強烈に熱せられてできる強い上昇気流のために、雲頂高度は数千mに達することがある。

　降水のあることも多く、さらに鉛直に発達すると強い雨や雷を伴う積乱雲となる。

　発達中は雲頂部がカリフラワー状に盛り上がって割れ、衰退過程になると輪郭がほつれ始めるため、成長の状況が判断できる。

盛夏の雄大雲。

カリフラワー状の雲頂。輪郭がこのように
ハッキリしているときは発達過程にある。

標高900mの山の上にできた雄大雲。
おそらく雲の厚さは5000m以上。

77

（種）・・・・・・・・・・・・・・・・・・・・・・・ レア度 ★

断片雲（だんぺんうん）

　輪郭がほつれ、小さな破片となっている積雲。

　基本的には蒸発しながら消えていく積雲の終末の形のひとつであり、移動しながら急激に形を変える。

　大きな積雲からちぎれてできる場合や、空に断片雲だけがたくさん漂う状態など、一年中いろいろな場面で見ることができる。

ほつれたたくさんの小さな雲片が空を流れていく。晴れた暖かい日に良く見られる。

青空に散らばる断片雲の群れ。断片雲の多くは薄いため、空の色を反映して雲片が青みがかっている。

みるみるちぎれて消散していく。

放射状雲

（ほうしゃじょううん）

　風向にほぼ平行に並んだ積雲で、遠近法効果のために、地上から見ると雲片の配列が地平線の1点から広がっているように見えるもの。並雲で構成されることが多い。

　積雲は高度が低く雲片が大きいため、見通しが良い場所で観察しないと放射状の全体像はわかりにくい。

扁平雲の放射状雲。雲片が放射状に配列しているのを見るには開けた場所が必須。

海岸線に沿ってできた積雲列の放射状雲。

飛行機から見た「クラウドストリート」と呼ばれる積雲列。このような配列の雲を地表から見ると、遠近法のために放射状に見える。石巻上空で。

79

（部分的な特徴）… レア度 ★★★

尾流雲（びりゅううん）

　雲底から鉛直方向や傾斜した方向に降水の流線が見えるもの。積雲から落ちる降水は密度が高いため、尾流雲も見事なものが見られることがある。

　降水が地表に届くがどうかは、大気の湿度や温度、そして降水の量による。降水が地上に届けば「降水雲」（次ページ）となる。

豪快な尾流雲。積雲全体がそのまま降ってくるようにも見える。

冬の低い積雲の尾流雲。太陽高度が低い時間帯、太陽光が横から当たる条件で見やすい。

大量の流線を生む積雲。

（部分的な特徴）·········· レア度 ★★★

降水雲（こうすいうん）

雄大積雲の降水雲。繊維状の雨脚が見える。

雲から落下した降水が地表に到達している状態。

発達した厚い積雲に多い。降水は暗灰色の雲底と地上をつなぐ繊維状に見える程度のことが多いが、雄大雲では激しい降水もある。

日本海側では冬に目にすることも多い。雪は雨粒より光の反射率が高いため、降雪の流れがよりはっきりと見える。

直近の雄大積雲からの降水。

冬の日本海側の降水雲。降雪による白くはっきりとした流線が見える。雪は風の影響を受けやすいため、流線が大きく曲がっている。

アーチ雲（あーちぐも）

　発達した雄大雲の雲底から流れ出た寒気によってつくられる、水平に長く伸びる壁状の雲。アーチ雲が通過した後は降水を伴うことが多い。

　ただし、アーチ雲は積乱雲（P.120）によるものが多く、積雲によってこの雲が見られることはまれ。

雄大積雲の雲底下にできた見事なアーチ雲。
雲底下に入ると、本体の雲が積雲であるかの判別が難しいが、写真の雲は雷電・雷鳴はなく極端な降水も見られなかったため、積雲と識別される。

漏斗雲（ろうとぐも）

　積雲の雲底が漏斗状に垂れ下がった雲。発達した積乱雲でできるが（P.119）、積雲では非常にまれ。

　日本海側では、上空に寒気が流入して大気が不安定となり対流雲が発達しやすい冬季に見られることがある。

　しかし積乱雲の漏斗雲同様、出現頻度が低く継続時間も短いので、目撃するのは大変難しい。

冬型・寒気が流入しはじめた日の夕方おそくにできた黒く不気味な漏斗雲のシルエット。
できてから数分後にはほどけて消えた。

（部分的な特徴）… レア度 ★★★★

波頭雲

（はとううん：Fluctus）

　雲頂部にできるカール状や砕け波の形。上空の風によって激しく変化する。

　比較的短命な状態で、大規模なことは少なく、みるみる変化してなくなってしまう。積雲は独立した雲であるため、波頭が連続するような顕著な雲はほとんど無い。

COLUMN　雲は夜も面白い　その1：月夜に浮かぶ雲の姿

　雲が観察できるのは昼だけではありません。夜は日射がなく地表が暖まらないため、積雲も水平に広がった扁平なものが多くなるなど、昼間とはちょっと違った姿をしています。観察の好機は満月近い「月夜」。月の光に照らされ、暗い空に明るく浮かび上がる雲の姿を味わうことができます。

月夜に浮かび上がる積雲（左）と高積雲（右）。

（付随雲）……… レア度 ★★

頭巾雲（ずきんぐも）

　発達中の積雲の雲頂部に「ちょこん」と乗っている小さく薄い雲。

　雲頂部が急速に上昇することで、雲の上の空気が強制的に押し上げられてできる。

　積雲が鉛直に成長しやすい夏に多く見られる。積雲の発達が止まると消えてしまうため寿命が短く、大きさも母体の積雲に対してかなり小さいため見落としがち。

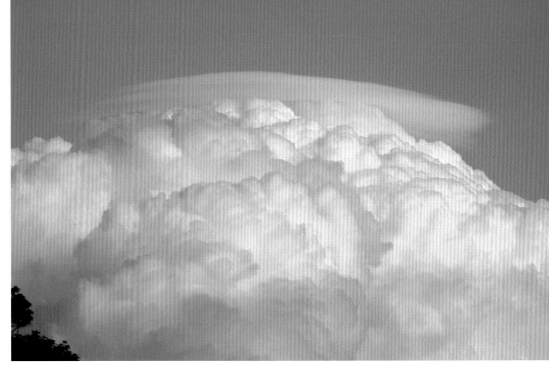

夕方、雄大積雲にできた頭巾雲。積雲にごく接近してできているために気がつかない人が多い。

雲頂と分離していない頭巾雲は積雲の一部に見えてしまう。

ベール雲

（べーるぐも）

　頭巾雲が水平方向に大きく広がり、1つまたは複数の雲頂部に接して雲を広く覆うようになったもの。

　発達する雲頂が頭巾雲を突き抜けてさらに上方に伸びるようなときは寿命が長く、ときには積雲本体が衰退しても、ベール雲だけが広がって残っていることもある。

たなびくベール雲。頭巾雲と比べて、水平に大きく広がり、長い間見え続けることが多い。

雄大雲のベール雲。

雄大雲の3つの雲頂をつなぐベール雲。

（付随雲）……レア度 ★★

ちぎれ雲

（ちぎれぐも）

主に悪天候のとき、降水のある雲の雲底下に流れる本体とは離れたバラバラの雲。ちぎれ雲自体を10種雲形で分類すると層雲や積雲に分類できる。

初冬の雪雲の暗い雲底の下を舞う、たくさんのちぎれ雲。

降水雲の下を流れるちぎれ雲に日が射して明るく浮かび上がる。高度は低く、このちぎれ雲自体は層雲に属する。

雪雲の下のちぎれ雲。

いぶし銀の魅力・通好みの雲

層積雲 そうせきうん（Stratocumulus:Sc）

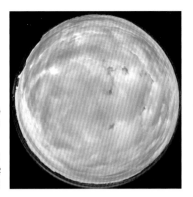

定義 | 雲底部に暗い影を持つ、灰色と白色の斑点状や層状の雲。かたまり状やロール状の雲片でできており、繊維質ではない。ほとんどの雲片は見かけの幅が5°より大きい。

別名	くもりぐも、うねぐも、まだらぐも
高さ	下層雲（500m～2000m）

バリエーション

種 …… 層状雲・レンズ雲・塔状雲・房状雲・ロール雲（Volutus）
変種 …… 半透明雲・不透明雲・隙間雲・二重雲・波状雲・放射状雲・蜂の巣状雲
部分的な特徴 … 尾流雲・乳房雲・降水雲・波頭雲（Fluctus）・荒底雲（Asperitas）・穴あき雲（Cavum）

バリエーションの多い雲。かたまり状の雲片が集まっているときは「まだら雲」、ロール状のときは「うねぐも」などと呼ばれる。高度が低いため、ひとつひとつの雲片が大きく見える。

積雲と似ているが、積雲ほど鉛直に発達していないこと、雲片同士が部分的につながって、全体で一枚の大きなシートをつくっていることが異なる。昼間にできた積雲が、夕方になって水平方向に広がって層積雲に変化していくこともあり、このようなときは、両者に明確な境界線を引くのは難しい。

層積雲では雲片の隙間から青空がわずかにのぞくことが多い。

曇り空をつくる原因の多くはこの雲。雲片が融合して、雲片の輪郭がハッキリしない場合も多い。

87

層状雲（そうじょううん）

層積雲で最も一般的。大きく丸みを帯びたかたまりが層状に広がって、空を覆った状態。雲片は扁平なことが多い。

弱い降水があることもあり、厚く密度の高いものは乱層雲と紛らわしい場合がある。層積雲の雲底は乱層雲ほど暗くなく、雲片の接合部分に隙間が見られることで問題なく区別できる。

まだらの曇り空のときにはほとんどがこの層積雲の層状雲だと判断しても良い。

空を低く覆う層状雲。下の建物に覆い被さるように広がる。

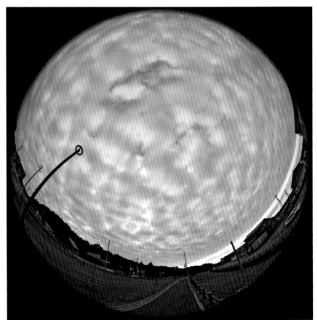

夕方の層状雲。その名の通り、全天を膜状に覆い尽くす。（魚眼レンズで撮影）

（種）⋯⋯⋯⋯⋯⋯ レア度 ★★★

レンズ雲
（れんずぐも）

　層積雲の雲片が強い風で切り離されてできる。凸レンズやアーモンド形で、はっきりした輪郭を持つ。見かけの大きさが5°より大きな雲片で構成され、グループ化している。

　低い山岳地形によって気流が上昇させられてできることもある。彩雲が見られる可能性がある。

夕空に乱舞する、隙間の多い層積雲のレンズ雲。滑らかな輪郭を持つことが多い。

空いっぱいに折り重なるレンズ雲の群れ。　　　　　　　　夕日に染まるレンズ雲。輪郭の形状から強い風の影響がわかる。

塔状雲（とうじょううん）

　共通の高さの雲底から、上方にいくつもの小塔が立ち上がっているもの。

　層積雲は雲片が密集していることが多く、雲の隙間を通して雲頂の様子を観察するチャンスはそれほど多くない。

　地平線に近い位置にある雲片に隙間が開いたときは、観察のチャンス。

夕日に照らされる塔状雲。朝夕は塔状雲の観察に都合がよい。

平たい雲底部分から立ち上がる、たくさんの塔状構造。

雲間からのぞく塔状雲。低く空を覆う層積雲の塔状雲を見つけるためには、雲の切れ間を見つけ、雲頂部がのぞくのを待つ。

房状雲（ふさじょううん）

新しく層積雲の仲間に加わった種。積雲状の小さな房状で、輪郭はハッキリせず雲底部は一般にほつれている。

気温が低いときには、尾流雲があることもある。塔状雲の基部が消散して形成されることもあるが、見た目に区別はつかない。

高積雲と見間違えやすいが、高さがまったく異なる。

輪郭が激しくほつれている夕方の層積雲。

高層雲の下を流れる層積雲の房状雲。雲片は比較的小さく、輪郭はほつれている。

層積雲は密度が濃いため、輪郭がハッキリしていることが多いが、房状雲は輪郭が明瞭でない。

91

（種）……… レア度 ★★★★

ロール雲

（ろーるぐも：Volutus）

新しく加わった種。巨大で長く水平な孤立したバナナ状、あるいはチューブやロールケーキ状の雲塊で、水平軸を中心にゆっくりと回転しているように見える。

単独で発生することが多いが、連続した雲列として見えることもある。

迫ってくる巨大なロール雲列。高度が低いため巨大で、数本のロール状の雲がゆっくりと転がって接近してくる。

頭上を左から右方向へ通過するロール雲。圧迫感がある。

日没時の巨大なロール雲のシルエット。動画で見ると回転しているのがわかる。

（変種）‥‥‥‥‥‥‥‥‥‥‥‥‥‥‥‥‥‥‥‥レア度 ★

半透明雲（はんとうめいうん）

層積雲のシートの、どの部分も高密度ではない雲。普通は雲片の輪郭部分で空の青が透けて見えるほど薄い。

天頂付近では空の青さが透けて見えるが、地平線に近づくに従って、不透明に見える。これは地平線近くは雲片を横から見るようになり、視線方向の厚みが増すため。

（変種）⋯⋯⋯⋯⋯⋯⋯⋯⋯レア度 ★

不透明雲
（ふとうめいうん）

　濃密で、大部分で太陽や月を隠すのに十分なほど不透明な雲。灰色で暗い曇り空をつくる。

　発達して厚みが増した層積雲の雲片が密集し、雲片同士の隙間が詰まってしまえば太陽の存在すらわからない。雲底部は平らなこともあるが、多くの場合でこぼこで、各雲片は雲の明暗で浮かび上がる。

太陽の存在はわからないが、雲片の接合部では太陽光が少し透けて明るく、立体的に見える。

雲片の隙間が詰まって融合して、雲片同志の境界がわからない層積雲。次第に乱層雲へと変化していくこともある。

俗称は「曇り雲」。地味であまり注目されないが、実はいちばん普通の雲。

隙間雲（すきまぐも）

　雲片の間から太陽、月、空の青色や上層の雲を見ることができる状態。雲片間の隙間が広がって青空の中に雲片が浮かんでいるように見えることもある。

　積雲と迷うときがあるが、空を大きく見渡して、雲片同士のつながり・並び方を見れば、判断は難しくない。

層積雲は高度が低いため、天頂方向と地平線方向で雲片の目の詰まり方が顕著に違って見える。

逆光の隙間雲。輪郭が明瞭な層積雲ほど隙間がハッキリと見える。

不透明雲（右）から隙間雲（左）への遷移。空全体を見渡して雲を判別することも大切。

（変種）…………レア度 ★★★

二重雲（にじゅううん）

高さの異なる2つの雲の層が重なった層積雲。この変種は層状雲・レンズ雲で生じる。

層積雲は雲片間の隙間が小さいことが多く、下層の雲を通して上層の雲を広く見ることがなかなかできない。そのため二重になっていることを確認するのが難しい場合も多い。

層状の雲が重なると、下の雲は上の雲の影になり、暗灰色になる。
下層の雲からは降水があり、「降水雲」（P.100）となっている。

朝夕は雲の色で高さの違いがはっきりわかる。上層の雲は太陽光が当たって白く、下の層積雲は既に日陰になり暗灰色になる。

夕方のレンズ雲。レンズ雲の場合、実際は多重雲と呼ぶのが適当なほど何層にも重なる。高さの差が色の差になって見える。

（変種）……………… レア度 ★★★

波状雲（はじょううん）

　直線状で、ほぼ平行な組織を持つ、白〜灰色の大きな雲片でできた雲の並び。

　雲片が大きいため、層積雲が波状雲になると空いっぱいに大きな縞模様をつくる。

　波状になる原因は地形の影響である場合も多い。空いっぱいに広がるため、普通は層状雲で見られる。

夕方、高層雲の下に並んだ分離した層積雲の列。

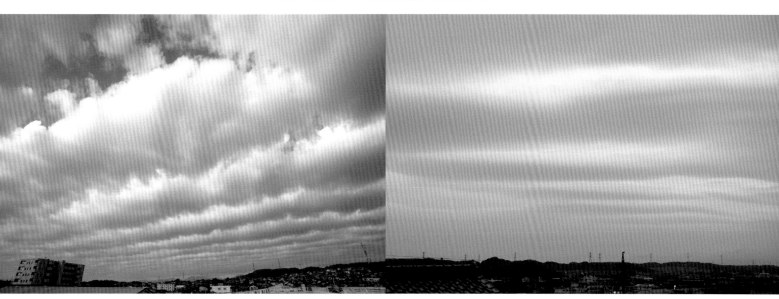

大規模な波状雲。空低く大きな波が押し寄せてくる。

厚みのある不透明雲では雲に隙間ができず、雲底がうねっているような状態のこともある。

放射状雲（ほうしゃじょううん）

　遠近法効果のため、雲の配列が見かけ上地平線の1点から広がるように見える、帯状の層積雲。

　層積雲に隙間のある場合（隙間雲）に放射状に見えやすい。

太陽光が低くなるころ、高積雲（白色）と2つの高さの層積雲（灰色・濃灰色）の放射状雲。高さの差が、色の差となっている。

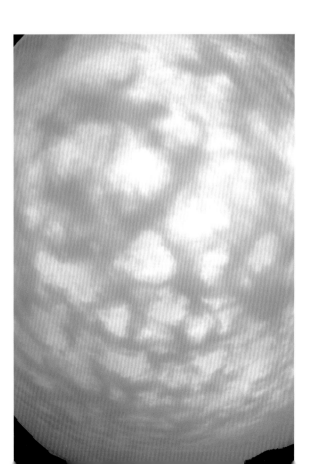

蜂の巣状雲（はちのすじょううん）

　縁取られた円形の穴が、ほぼ規則的に分布する層状の雲。

　層積雲は厚みがあるため、穴が上に突き抜けない場合が多く、普通は「蜂の巣」の穴に相当する部分が丸く明るく、壁に当たる部分が暗い奇妙なまだら模様となる。

　頭上いっぱいに層積雲の蜂の巣状雲が覆うと、別世界に迷い込んだような気分になる。かなりレア。

対角線魚眼レンズで撮影した空いっぱいの巨大な蜂の巣構造。画面の中央がほぼ天頂方向。上に向かって凹んでいる部分は雲が薄いため、光を通すことで明灰色に見える。

尾流雲（びりゅううん）

　雲からの降水が地表に達する前に消散している状態。層積雲の尾流雲ははっきりしないことが多いが、逆光で雲底が照らされるときはよくわかる。

　降水が地上に達することもあり、そうなれば「降水雲」（次ページ）となる。

夕日に照らされ、赤色に染まった尾流雲。雲底からモヤモヤした筋が垂れている。

逆光の尾流雲。雲から落ちる雨粒が小さく、空気層が乾燥していると、途中で消散して尾流雲になる。

豪快な尾流雲の流線。降水があると、雲底は乱されて滑らかになる。

（部分的な特徴）… レア度 ★★

降水雲（こうすいうん）

　層積雲からの降水は曇り空からポツポツと雨が落ちてくる程度で、強度は弱い。

　見えている雨脚が、実際に降水となっているか（地表に落ちているか）を遠方から目視ではっきりと確認するのは難しい。

　乱層雲と見間違えそうだが、特徴は層積雲特有で、降水は弱く、雲の一部分からの降水となる。

夕方の降水雲。隙間の多い層積雲の降水雲は、天気雨をもたらすこともある。

層積雲の一部分からの降水。朝夕以外は色・明暗のコントラストがない上に、降水が弱いので気がつきにくい。

太陽光で浮き上がる降水雲の雨脚。

乳房雲
（にゅうぼううん）

雲底が下方向に丸く垂れ下がっているもの。雲の厚みのため、雲底にできる乳房雲は灰色〜暗灰色で、高度が低いことで大きさも巨大に見える。

大きく垂れ下がった乳房雲。輪郭は高層雲の乳房雲（P.68）ほど滑らかでないことがほとんど。

夕日が雲底に当たり、乳房雲を浮かび上がらせる。雲底の凹凸は
日没直前に際立つ。

（部分的な特徴）レア度 ★★★★★

波頭雲（はとううん：Fluctus）

　新しい分類。雲の上面にできるカール状や砕け波の形。

　空気層の境界で風速・風向が大きく異なっているとき、下層の雲の雲頂が上層の流れに引っ張られ、波立つような形状に変化した状態。

　見えない空気の運動が、雲によって見事に可視化されたもの。

層積雲の波頭雲。空気の流れが目に見えるよう。

厚い層積雲の雲頂部の部分的な波立ち。
大規模なものはほとんど見られない。

荒底雲

（こうていうん：Asperitas）

　新しく加わった分類。雲底にできる発達した波状の構造で、変種の「波状雲」よりも不規則で、水平部分がほとんどない。

　荒れた海面を下から見ているように波打ち、鋭く垂れ下がっていることもある。

　太陽光の当たり方や雲の厚さの変化で不気味な光景をつくり出す。

雲を透過する太陽光がつくり出す明暗の差は、そのまま雲の厚みの違いでもある。

雲底の凹凸によって奇妙な濃淡をつくり出すのが特徴。

空全体がこの雲に覆われると「不気味」という言葉以外に表現のしようがない。

（部分的な特徴）…レア度 ★★★★★

穴あき雲

（あなあきぐも：Cavum）

　新しい分類。低温のときに、比較的薄い層積雲の層にできる円形または直線状の穴。穴は時間経過とともに大きくなることが多く、通常は中央から落ちる氷晶の流線が見える。

　航空機の影響で生成する場合には、直線状となる。非常にレア。

半透明雲にできた直線状の穴あき雲。隙間の毛羽だった流線が氷晶の存在を示している。形状から、おそらく上空の飛行機雲の氷晶の落下によるものだと考えられる。 真冬の志賀高原で。

COLUMN　雲は夜も面白い　その2：都会の夜空に雲が踊る？

　近年、特に都市部では街明かりで雲底が照らされ、夜でも雲の形状がはっきりわかります。積雲・層積雲・層雲などの下層雲ほど地上から照らされやすいため、暗い空に驚くほど明るく浮き上がって見えます。

積雲（左）と層積雲（右）。街明かりに照らされることにより、雲底が明るく、浮き上がる。

さわることもできる一番地表に近い雲

層雲 そううん（Stratus:St）

定義 | 常に低く、均一な雲底を持つ雲の層。霧雨や小雪を降らせることがある。雲を通して太陽を見ると、輪郭がはっきりとわかる。

別名 ……………………………… きりぐも
高さ ……………… 下層雲（地表付近〜 500m 程度）

バリエーション

種 ………………………………	霧状雲・断片雲
変種 …………………	半透明雲・不透明雲・波状雲
部分的な特徴 …………	降水雲・波頭雲（Fluctus）

　時にはビルの上部を隠してしまうほど低い雲。地表に接してしまうと雲ではなく「霧」と呼ばれる。

　天気の悪い日に山岳地形に沿ってできることが多く、低いため地表面の影響を大きく受けやすい。朝の層雲は日射によって地表面が暖められると、すぐに消散してしまう。

手が届きそうな高さにできるのが層雲。高さはわずか十数mのこともある。

地表面に沿うようにできた層雲。

（種）………レア度 ★

霧状雲
（きりじょううん）

　最もよく見られる種。雲の輪郭がはっきりせず、灰色でほとんど均一な層状の雲。全体的にぼやっと一様に見える。比較的薄いため、日射によって消えてしまうことも多い。

外からみれば層雲でも、山でその中にいる者にとっては「霧」となる。2つの名前を場合によって使い分けるのが層雲。

山道で見た層雲の雲底。このような光景も、離れて外から見れば山にかかる立派な雲。

断片雲

（だんぺんうん）

小さく切り離された不規則な破片状の層雲で、風で流されて輪郭がどんどん変化する。

風によって霧状雲から切り離されて単独の断片雲として漂うことも多い。煙のように形を変えながら、次々と小雲片が流れていく。

目の前を漂う断片雲の群れ。雲底の高さは 20m くらいしかない。

冬季、山岳地形近くにできた断片雲。

山沿いではすぐ近く、手が届きそうな距離を断片雲が流れていく。

（変種）·························· レア度 ★

半透明雲（はんとうめいうん）

　名前の通り、雲の向こう側が透けて見えるほど雲粒の密度が低い層雲。

　外側から見ると山肌や建物が透けて見え、雲の内部から見ると離れた建物や空の青さが透けて見える。

外から見ると、山肌や鉄塔がハッキリと透けて見える。

層雲の霧状雲は多くの場合、この半透明雲である。

雲の中から見ると、遠方の対象や空の青さがうっすらと透けて見えるほど薄い。

不透明雲

（ふとうめいうん）

　密度が高く、雲を通して向こう側がまったく見えないくらいに厚い層雲。太陽光が当たらないときは濃灰色に見えることもある。

　雲の中に入っても同様に灰色で、太陽の存在がなんとなくわかる程度。最も普通に見られる変種。

　弱い降水がある場合がある。

山々は完全に隠され、雲頂から鉄塔だけが覗いていることで雲の向こうに山地があることがわかる。

標高500ｍほどの山の上から層雲の雲底部を見下ろす。雲の中は完全に不透明でほとんど先が見えない。

広く山々を覆う濃密な不透明雲。

（変種）⋯⋯ レア度 ★★★★

波状雲

（はじょううん）

雲底が波状の組織になった層雲。層雲は雲底が著しく低く、水平に大きく広がることがあまりないので、波状になっているのを実際に目にする機会は少ない。

高積雲の下、雲底にしわがよっているような波状雲。高さは 100m 程度。

非常に低い雲の層の雲底が縞模様になっている。

（部分的な特徴）········· レア度 ★★
降水雲（こうすいうん）

　層雲からの降水粒子は小さく、密度も小さいため、目に見えるような雨脚にはなりにくい。層雲の真下や内部にいるときに、文字通り霧雨状の雨が落ちる程度。

　そのため、降水雲を外から見て降水の有無を判断できることはほとんどない。

遊園地の照明で照らし出された層雲の降水雲。層雲からの降水はわずかなので明瞭な降水を目にすることが少ないが、特殊な条件で降水が明瞭になることがある。

（部分的な特徴）レア度 ★★★★★
波頭雲（はとううん：Fluctus）

　上層の強い風によって層雲の雲の上面が引き伸ばされて波打っている状態。

　層雲の上面を観察するのは難しいため、水平方向にある雲の雲頂に注意する必要がある。

　比較的まれな雲。

低い層雲の雲頂部が引っ張られて波立っている。（アメリカ・アラスカ州アンカレジにて）

巨大な空の暴れん坊

積乱雲 せきらんうん（Cumulonimbus:Cb）

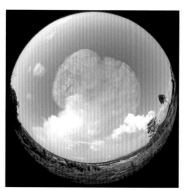

| 別名 | …………………………………… | かみなりぐも・にゅうどうぐも |
| 高さ | …………… 対流雲・雲底は下層、雲頂は上層（500m ～ 13000m） | |

定義｜大きく鉛直に伸びた、濃密で巨大な山や塔のような雲。最盛期の雲頂は平たくなってかなとこ状に広がる。雲底は非常に暗い。強い雨と雷をもたらす。

バリエーション

種	……………………………………	無毛雲・多毛雲
変種	……………………………………	なし
部分的な特徴	…かなとこ雲・尾流雲・降水雲・乳房雲・漏斗雲・アーチ雲・壁雲（Murus）・尻尾雲（Cauda）	
付随雲	………… 頭巾雲・ベール雲・ちぎれ雲・流入帯雲（Flumen）	

　強烈な上昇気流ででき、雲頂高度は 13000m、厚さ 10000 m 以上に達することもある。あまりに巨大なため、発達した積乱雲全体の様子は数十km以上離れないと見ることができない。

　この雲の下に入ると真っ暗で、激しい雨や雷、時には雹を伴う。真夏の夕立やゲリラ豪雨などと呼ばれる突然の雷雨はこの雲のしわざ。冬の日本海側では「冬季雷」の原因となる暴れん坊。

　雲の各部に同時に異なった部分的な特徴や、付随雲を伴っていることが多い。

　直近で発達した積乱雲の姿は巨大。既に多毛雲（P.114）になっている。

広がり始めた積乱雲の雲頂部。

無毛雲（むもううん）

　積乱雲の発達初期の形。雲頂部が白いかたまりの
カリフラワー状。繊維状や筋状の部分は見えない。
　さらに発達すると、雲頂部が圏界面に達し全体が
水平方向に広がって「かなとこ雲」に、輪郭が繊維状
に毛羽だって「多毛雲」を形成する。

眼前に現れた巨大な雲の柱。
周囲に成長するための触手
を伸ばしている。

左上：発達中の積乱雲。入道雲と呼ばれるのはこの段階。
この後、かなとこ状の多毛雲となり最盛期を迎える。

左下：発達中の2つの積乱雲の柱。この雲の真下では
局地的な雷と強い雨となっている。

遠方から広がってきた多毛雲。

多毛雲（たもううん）

　雲頂部が水平に広がって、羽毛状、または巨大な無秩序な毛のかたまりのようになった雲。積乱雲の発達段階で最盛期を過ぎた状態。この後、積乱雲は収縮・衰退する。

　先端の繊維状の構造は雲が水滴ではなく、氷晶となっていることを示している。

　多毛雲をつくった繊維状の雲は、積乱雲本体が衰退した後、切り離され巻雲として残る。

いくつもの方向に分かれて伸びている多毛雲。この後、さらに薄く繊維状になって広がる。

逆光の多毛雲の先端部。積乱雲本体は密度が高くシルエットに、多毛部は密度が低く太陽光が透けている。

かなとこ雲（かなとこぐも）

盛夏の午後遅くに特に多く見られる。積乱雲が発達し、対流圏と成層圏の境界（対流圏界面）に達し、雲頂が水平に大きく広がったもの。

広がりが数百kmにも達することがあり、その全体像は100km以上離れたところでないと見ることができない。初期には輪郭が明瞭だが、その後輪郭がほつれて繊維状に変化、多毛化する。

かなとこの中心は太く激しい上昇気流の柱。
速度は毎秒10m以上にも達することがある。

15:19

15:14

15:10

かなとこ雲の9分間の変化。花火のように、みるみる広がっていく。

楕円形の笠を持つ典型的なかなとこ雲。上空の風が弱いときには、きれいな対称形に広がる。

（部分的な特徴）‥‥‥‥‥‥‥ レア度 ★★★

尾流雲（びりゅううん）

降水が途中で消えている状態。積乱雲では強い雨になることが多く、雲底での明確な尾流雲はかえって見つけにくい。かなとこ部分からの尾流雲が見えることもある。

衰退期の積乱雲の縁辺部にできた尾流雲。

COLUMN　かなとこ雲の「かなとこ」って何？

　積乱雲の「かなとこ雲」はよく知られていますが、ではその名称の元になっている「かなとこ」って何だか知っていますか？

　かなとこは漢字で書くと「金床」。金属加工を行う際に使われる鉄製の台のこと（右図）。普通はあまり見ることがないので、どんなものか知らない方もいるのではないでしょうか？

　しっかりした柱部の上方が広がり、先端が尖っている様子など、かなとこ雲にそっくりなシルエットをしています。これを見ると、うまく名前をつけたもんだと思いますね。

　でも、ちょっとなじみの薄い「金床」。もう少しみんなの良く知っている名前をつけてあげてもいいと思いませんか？

※かなとこ雲は英語で「anvil」で、やはり「金床」を意味しています。

降水雲（こうすいうん）

積乱雲は狭い範囲に強い雨を降らせるので、雲底からの濃く太い降水領域を見ることができる。

ただし、移動が速く、継続時間は短く急速に衰退するため、集中した明瞭な雨脚の見える降水雲を楽しむ時間はあまりない。

真っ黒な雲底からの「バケツの底が抜けたような」強烈な降水。
積乱雲の降水雲では、その厚さのため、大粒の激しい雨が局所的に降るのが特徴。

盛夏の午後の積乱雲の雲底からあふれ落ちるような降水（右側）。雲底下に太陽光が当たり、左に虹ができている。

積乱雲の複雑な構造の雲底からの降水。

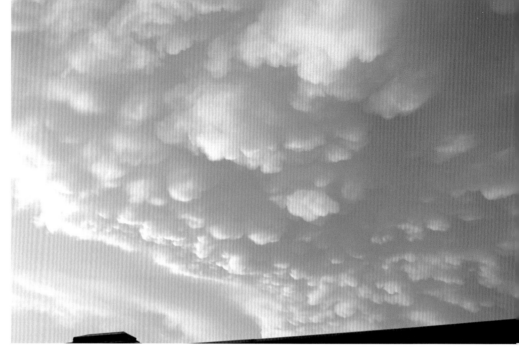

（部分的な特徴）レア度 ★★★★

乳房雲（にゅうぼううん）

　積乱雲の乳房雲は、その多くがかなとこ雲（P.115）の笠の部分の下面にでき、雲底部に見られることはまれ。

　かなとこがほどけて繊維状（多毛雲）になると乳房雲も存在しなくなるため、寿命は短い。

積乱雲の発達と太陽高度の絶妙なタイミングで見事な姿を見せた乳房雲。
積乱雲は変化が激しいため、乳房雲の寿命も短く、このような雲との出会いは運命的とも言える。

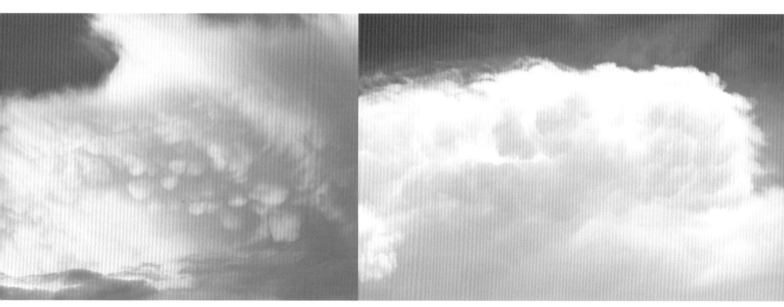

太陽に下から照らされる夕暮れ時は乳房雲を見つけやすい。

太陽高度が高いときのかなとこ雲の先端部分。乳房雲がシルエット状になって見える。

漏斗雲（ろうとぐも）

　ごくまれにしか見られない。積乱雲に伴う雲の中で最もレアで、最も継続時間が短い貴重品。

　非常に寿命が短く、数十秒程度で消えることも多い。

　この雲が発達し、そのくさび状の先端が地上（あるいは海水面）に達すると竜巻となって被害をもたらす。

　日本海側では冬季にしばしば観測される。

日本海の冬の漏斗雲。10km ほど離れた知人からの「頭上に竜巻ができている！」という電話で、あわてて屋上へ移動し 300mm 望遠レンズで撮影。この日はこの他に短時間に数本の漏斗雲が現れては消えていった。

近くで発生した強烈な積乱雲の雲底が、漏斗状に垂れ下がり、みるみる回転を始めた。
竜巻への発展を予測して見守っていたが、この後ほつれて降水に飲み込まれていった。

（部分的な特徴）‥‥‥‥ **レア度 ★★★★**

アーチ雲（あーちぐも）

水平に長く伸びた、まるで堤防のようなロール状の雲。積乱雲から吹き出した強い風によって、積乱雲の雲底に局地的な前線（ガストフロントという）ができることで発生する。

アーチ雲は積乱雲の雲底近くで生まれ、あっという間に観察者に迫ってくる。頭上を通り過ぎると、その後には強い風と雨、雷という大荒れの天気になる、嵐の先導者。

頭上を通り過ぎるアーチ雲。通過直後に強風と雨がやってくる。

右（西）から押し寄せてくるアーチ雲。津波のようなかたまりが低空を大変なスピードで通り過ぎていく。恐怖さえ感じる。

雨と雷を伴って迫る巨大な堤防のようなアーチ雲。（パノラマ撮影）

雷雲（かみなりぐも）

　雲の分類名ではないが、積乱雲の大きな特徴が雷の存在であり、一般に積乱雲は「雷雲」とも呼ばれることが多いため、ここで扱っておく。

　雷の放電は雲底と地上を結ぶこともあるが、積乱雲の内部で放電が起きて積乱雲を内側から照らし出すことや、落雷しない放電もある。

　太平洋側では夏に多い雷だが、日本海側では冬の低い雪雲によって発生することが圧倒的に多く、冬季雷と呼ぶ。

雲中の雷で、積乱雲の姿が浮かび上がる。

積乱雲の光と音を伴う放電現象を雷電、その中でも雲と地上の間の放電を落雷と呼ぶ。

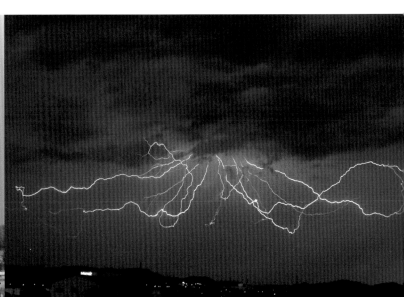

落雷しない雷。クラゲの触手のように見える。

（付随雲）………… レア度 ★★

頭巾雲（ずきんぐも）

　発達中の積乱雲上にできる小型の雲。本体の雲の上に乗ったベレー帽のように見える。

　急激な積乱雲の発達が終わると消えてしまうため寿命は短く、数分程度のことが多い。頭巾雲がさらに水平に大きく広がって、雲の上部を覆うようになるとベール雲（次ページ）ができる。

3重の頭巾雲。積乱雲の急激な雲頂部の上昇によって、上層の大気の層構造が可視化された。

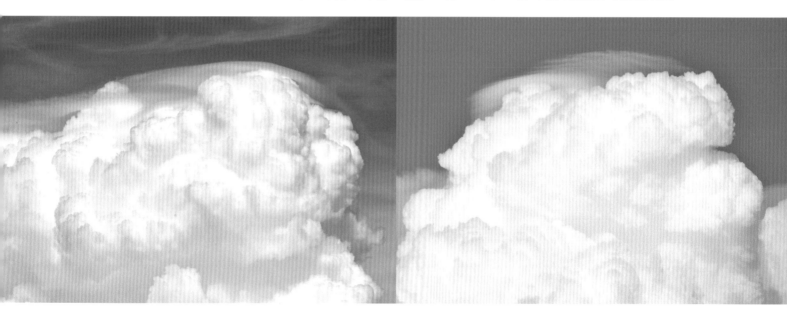

発達中の雲の雲頂にできたばかりの頭巾雲。頭巾雲は母体となる雲の発達と運命を共にする。

頭巾雲はカリフラワー状の雲頂とセットで見られる。

ベール雲（べーるぐも）

発達中の積乱雲の頭巾雲（P.122）が、さらに水平方向に大きく広がり、複数の雲頂を広く覆うようになったもの。

上昇する積乱雲の雲頂部がベール雲を突き抜けて、ベール雲だけそのまま置き去りになることもある。水平に広く広がったものは、成因となった積乱雲の本体が消滅しても残ることがある。

雲頂部にまとわりつくベール雲。積乱雲の発達が速いために、ベール雲の寿命は短いことが多い。

ちぎれ雲（ちぎれぐも）

積乱雲は降水を伴うため、雲底下は湿度が高く、ちぎれ雲ができやすい。

母体の積乱雲が厚く、太陽光を通さないため、雲底下のちぎれ雲も灰色をしているのが普通。暗い雲底下に漂う輪郭のほつれた、小さな雲片。

暗い雲底の下のほつれたちぎれ雲。雨脚によってできた虹がうっすらと見える。

スーパーセル※に伴ってできる雲

ICA2017で新たに加わった積乱雲に関する雲3種。これらの雲は特殊な積乱雲＝強烈なマルチセルストームやスーパーセルに伴ってできる雲であり、ほとんど見ることができない。

※スーパーセル：回転する上昇気流を伴う大規模な積乱雲で、大量の雹や竜巻の原因となる。上空と地表の気温差が大きいほど発生・発達しやすいが日本ではまれ。通常の積乱雲は水平方向の広がりが数km、持続時間は30～60分程度だが、スーパーセルは10～40kmと大規模で、持続時間も数時間と長い。「巨大積乱雲」と呼ばれることもある。

（部分的な特徴）

壁雲

（かべぐも〔ウォールクラウド〕Murus）

積乱雲の雲底から伸びる局所的で急傾斜の雲の壁。スーパーセルやマルチセルストームの強烈な上昇気流域が可視化されたもの。英語で「ウォールクラウド」と呼ばれる。強い回転と鉛直運動が見られ、漏斗雲と竜巻を発生させる。尻尾雲：Cauda を伴うことが多い。

（部分的な特徴）

尻尾雲

（しっぽぐも〔テイルクラウド〕Cauda）

めったに見られない。「テイルクラウド」と呼ばれ、壁雲につながる低く水平な尾のような形の雲。壁雲と同じ高さで壁雲に向かって動く。流入帯雲：Flumen（次ページ）と混同しやすいが、尻尾雲はより小規模で低い。

（画像提供：whatsthiscloud.com）

スーパーセルの雲底

壁雲：Murus

尻尾雲：Cauda

流入帯雲

（りゅうにゅうたいうん〔ビーバーテイルクラウド〕Flumen）

めったに見られない。スーパーセルの基盤への流入気流上に形成する大きな帯状の雲でスーパーセル方向に移動する。「ビーバーの尾」と呼ばれ、広くて平らな外観が特徴的。

尻尾雲：Cauda と混同しやすいが、とても大規模な組織で高度が高く、壁雲：Murus には接続しない。

流入帯雲：Flumen

積乱雲中層への大気の流れによってできる。奥に降水域が見える。

（画像提供：whatsthiscloud.com）

COLUMN　高高度放電現象「スプライト」

雷は積乱雲内部の激しい対流で発生する放電現象ですが、実は雷が発生しているとき、はるか上空の中間圏（高度50km-80km）でも不思議な現象が起きていることがわかっています。

写真はそのひとつで「スプライト」（妖精という意味）と呼ばれるもの。北陸地方で冬季雷が起きているときに、その上空を三重県桑名市から撮影したものです。

発光時間が 1/100 秒程度ときわめて短いため、1989 年になってはじめてその存在が確認された現象ですが、実は注意して見ていれば肉眼でも見ることができます。

一瞬の赤い発光。大昔から空で光っていたはずなのに、最近まで、誰も気づかない現象だったのです。でも、なぜこのような現象が起きるのか、詳細はわかっていません。

三重県から捉えた北陸地方上空のスプライト。

雲の11番目のメンバー　レア度 ★〜★★★

飛行機雲 ひこうきぐも

飛行機雲の誕生。古い飛行機雲の横に新しい飛行機雲が線を引く。飛行機の航路は決まっているため、同じ場所に次々と新しい飛行機雲ができていく。

　人間が飛行機を発明してから出現するようになった雲。地球温暖化の原因のひとつとしても注目されている。

　すぐに消えることも多いが、発達して巻層雲や巻積雲となって広がっていくことがあり、新しい雲を生む原因となっている。ICA2017では10分以上継続・発達したものは、正式な雲の仲間に入れることになった(P.132)。

　発生から成長・変化が非常に速く、パターンもさまざま。飛行機雲が長い尾を引いていたら、その後の発達の様子に注目したい。

夕日に照らされる短い飛行機雲。多くの場合、飛行機雲はできてもすぐに消えていく。この段階では雲としての正式な名前はない。

異なった変化を見せる3本の飛行機雲。

たくさんの航跡

　私たちが暮らす街の上空には数多くの飛行機が通り過ぎている。

　上空の大気に水蒸気が多く含まれるときは、飛行機雲が長時間残りやすく、飛行機が次々と新しい航跡を空に残していく。

　たくさんの飛行機雲が残るようなときは、その後天気が崩れるとされる。

飛行機由来巻雲（次ページ）の放射状雲。
普段は気がつかないが、私たちの頭上には多くの飛行機が行き来していることが飛行機雲でわかる。

飛行機雲が長時間残るときは、このようなにぎやかな空ができる。

飛行機由来の巻雲の群れ。これが空全体に広がっていくと、自然の巻層雲とは見分けがつかなくなる。

特殊な雲：
飛行機由来巻雲（P.132 参照）

　生まれてから10分以上継続した飛行機雲は「飛行機由来巻雲」と呼ばれ、特殊な雲として正式に雲の分類に加わる。上空に水蒸気が多いときは、形を変えながらさらに発達、変異していく。

飛行機雲から巻雲が広り、本体は巻積雲へと変容を始めている。

２本の飛行機雲からできた形状の異なった巻雲。この状態になると、飛行機由来なのか、自然のものなのか区別はつかないので、継続観察が必要。

巻雲に変異していく飛行機雲。

特殊な雲：
飛行機由来変異雲
（P.132 参照）

　飛行機由来巻雲（前ページ）がさらに長時間継続して内部から変容し、雲として本質的に変化してしまうと、自然の雲と同じような巻積雲・巻層雲、時には厚い高積雲となる。

　完全に変容してしまった後の雲は、元が飛行機雲であることがわからない。

　飛行機雲を継続して観察してみると、実は飛行機雲からできた中〜上層の雲が非常に多いことに気がつく。

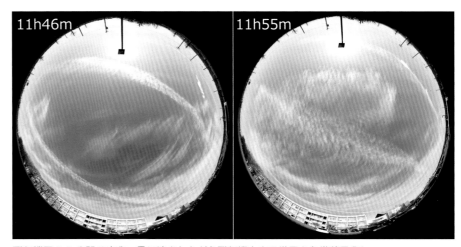

飛行機雲の9分間の変化。風に流されながら飛行機由来の巻雲から巻積雲化し、全天に広がっていった。

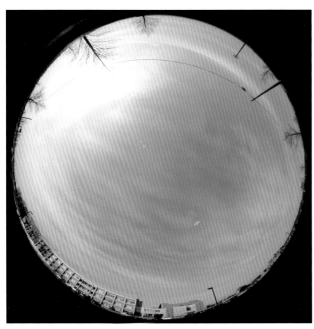

全天を覆った飛行機由来の巻層雲。この状態だけを見ると、元が飛行機雲だったかはわからない。（魚眼レンズで撮影）

全天に広がった飛行機由来の巻層雲。その後も次々に新しい飛行機雲が誕生していく。（対角線魚眼レンズで撮影）

129

飛行機雲による現象①
飛行機雲による大気光象

　最初は水滴でできている飛行機雲は、広がりながら凍結して氷晶となり、巻雲や巻層雲などに変化して、自然の雲と同様の大気光象を起こすことがある。

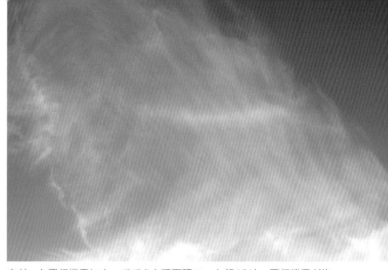

広がった飛行機雲によってできた環天頂アーク(P.151)。飛行機雲が氷晶からできていることがわかる。他にも、様々な大気光象がつくられる。(第2章参照)

飛行機雲による現象②
消滅飛行機雲

　飛行機が薄い雲を通過した際に、高温の排気によって雲が消され、雲の層の中に部分的に雲がない直線ができる、

いわば「逆飛行機雲」とも言える現象。雲が引き裂かれたように見える。雲でできる現象の俗名であり、正式な分類ではない。

太陽の光環 (P.144) と近くにできた消滅飛行機雲。

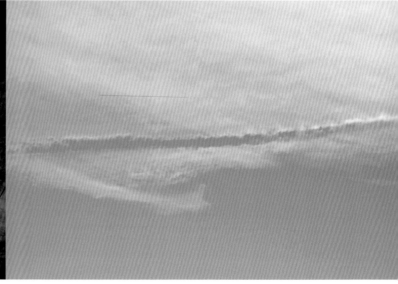

飛行機によって切り裂かれた巻層雲。消滅飛行機雲は不安定なため、すぐ消えてしまうことが多い。

飛行機雲彩雲

太陽の近くに飛行機雲ができると見えることがある。ジェットエンジンから排出された直後の非常に小さく、大きさが揃っている水滴でできる。

水滴はすぐに成長するため、数秒後には色が失われ、「普通の」白い飛行機雲になる。観察にはサングラスが必須。

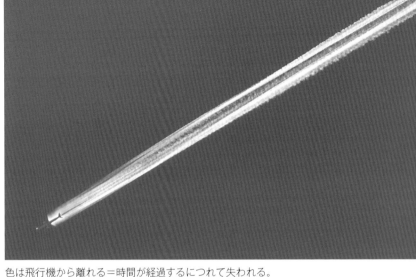

色は飛行機から離れる＝時間が経過するにつれて失われる。

飛行機雲の特異な形状

飛行機雲は部分的な構造も興味深い。時間経過とともに、そのときの大気の状態に応じて変化し、面白い構造を持つようになる。

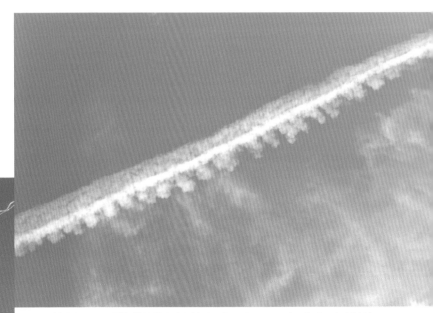

逆さだるま：飛行機雲が発達し始めると、まるでアイスクリームが溶けて垂れ落ちるように、飛行機雲から丸いかたまりが並んで垂れ下がる。

飛行機雲の2重破線：双発ジェット機からの2本の細い飛行機雲が風に流されて絡まったり、途切れ途切れになって面白い模様をつくる。多くはこの後消散していく。

新しい雲の分類　レア度 ★〜★★★★
特殊な雲（Special Cloud）

通常の雲と違い、航空機や工場・火山など地表付近の局所的な要因で発生し、通常の雲へと遷移していく雲。成因によって6種に分類される。これまでは通常の雲とはまったく別に扱われてきたが、ICA2017で「変異雲」として通常の雲と同様に扱われ、名前が与えられるようになった（例えば、人為起源の積雲など）。

「特殊な雲」は6つに分類される。

1. 飛行機由来巻雲：Aircraft condensation trails（→P.128）

10分以上継続する飛行機雲は、巻雲の仲間として扱われ「飛行機由来巻雲：Cirrus homogenitus」という名称が付けられる。

2. 飛行機由来変異雲：Homomutatus（→ P.129）

飛行機雲が大きく広がって変容し、自然の雲と同様の形態にまで変化してしまったもの。巻雲・巻積雲・巻層雲に種別され、「飛行機由来の巻積雲」などという呼称で呼ぶ。

3. 人為起源雲：Homogenitus

発電所の冷却塔や工場プラントからの排気でできる雲。排出されるものが水蒸気そのものの場合（例えば冷却塔や製紙工場から）と、凝結核となる微粒子の場合（焼却炉などから）があり、後者の場合は気温が低く湿度の高いときにしか見られない。

層雲・積雲・積乱雲ができ、たとえば「人為起源の積雲の並雲」というような呼称で呼ぶ。

右：早朝の「人為起源の積雲」。放射冷却による接地逆転層の影響によって、雲底が完全に平らになっている。

左：工場からの排気で生まれた「人為起源の積雲」。一見単なる煙に見えるが、普通の煙のように拡散して消失することがなく、発生源（煙突）から離れるにつれて大きく成長していく。

4. 熱対流雲 : Flammagenitus

　森林火災、火山噴火などで発生する熱対流によってできる積雲状の対流雲。これまで Pyrocumulus（熱積雲）などとも呼ばれていた雲。積雲と積乱雲ができ、たとえば「熱対流雲の積雲」などと呼ぶ。

　ごく限られた場所、限られた条件のときのみ見られる雲。

風に流されて広がった桜島の活動による積雲。

5. しぶき雲 : Cataractagenitus

　大きな滝で水が砕けて水しぶきになり、局所的にできた雲。できる雲は、ほとんどの場合層雲で、まれに積雲状のこともあるが低い位置に漂う。「しぶき雲の層雲」などと呼ぶ。

ナイアガラ瀑布のしぶきによる層雲。
（画像提供：PIXTA）

6. 森林蒸散雲 : Silvagenitus

　樹冠からの蒸発と蒸発散による湿度の増加によって、森林上方に局所的に発生する層雲。普通は樹冠に接するほど低空に漂い「森林蒸散の層雲」という名称で呼ぶ。

　降水の後など、湿度の高いときにのみ見られる。

日本では湿度の高い梅雨時の広葉樹林帯で見られることがある。

無限に広がる雲の表情
その他の雲

10種雲形・種・変種を基本にした分類とは別に、成因や形に注目して雲を呼び分ける場合もある。特に、地表の影響を強く受ける下層雲では、局所的な空気の動きで独特な形状の雲ができやすく、10種雲形の視点とは異なる名前で呼び分けるほうが、雲の本質を理解しやすい。

地形性の雲

高度の低い大気の流れが山岳地形によって波打ち、層積雲や積雲のような下層の雲に様々な形状をつくり出す。

笠雲・レンズ雲（かさぐも・れんずぐも）

山岳地形の上方にできる凸レンズ状の雲。気流が山岳地形を乗り越えるときにでき、ときには形を変えずに数時間以上、同じ場所に見え続ける。

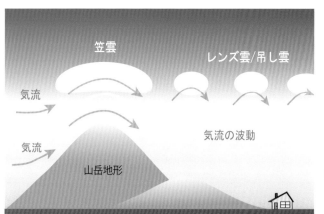

山岳地形を広く覆う笠雲。

山岳波による、連続したレンズ雲。写真右奥側が風上。

図　山岳地形に気流がぶつかって、山の上に「笠雲」、山の下流でさらに波立つことによって「レンズ雲」「吊し雲」が形成される。

吊し雲（つるしぐも）

　山岳地形でバウンドした気流が風下につくる雲のひとつ。

　山のピークから離れた場所に、位置を変えずに長時間継続する。レンズ状やライン状、ブーメラン状などいろいろな形になる。富士山の風下にできる雲が有名。

収束性の雲

　山岳地形で風がせき止められたり、夏季に陸地深くに侵入する強烈な海風などが原因で、下層の気流が収束・上昇し、低く連続した巨大なライン状の雲をつくることがある。

　一時、関東で話題となった「環八雲」はこの雲の一種。

山岳地形の風下にできる吊し雲。笠雲同様、同じ位置に長時間見え続ける。

山岳地形（写真下方）に風が吹き寄せてできた、巨大な収束性の積雲。（魚眼レンズで撮影）

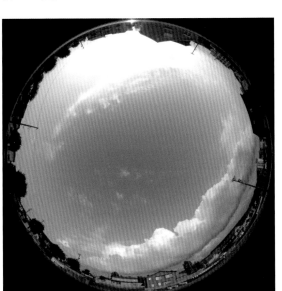

海風の侵入と収束による巨大な積雲列。長さは数十km以上、気象衛星の画像でも海岸線に平行に伸びる雲列が確認できる。（対角線魚眼レンズで撮影）

夕日に照らされた馬蹄雲。

レア度 ★★★★★
馬蹄雲（ばていうん）

馬の蹄鉄の形＝「∩」形をした、ひものような細長い小さな雲。

煙草の煙でつくる輪っかや、バブルリングと同様の空気の流れででき、細い半リングのパイプ状の雲がロール状にくるくる回転しながら形を変えて移動する。

比較的小さなスケールで空気が衝突するときに発生すると言われ、寿命は短く数秒〜数十秒程度。あっという間にほどけて消えていくため、目撃するには雲を見る目に加えて運が必要。

青空の下を流れる馬蹄雲。ねじれた渦構造がわかる。

COLUMN　雲の楽しみかたの原点

子どもの頃、空に浮かぶ積雲を見て「シュークリーム」や「綿菓子」を想像したことがある人は多いと思います。雲は絶えず変化を続けますから、ある一瞬、何かに見える形になることがあります。

絶えず形を変えて流れていく雲から、いろいろな想像力を働かせる……それこそ雲の楽しみ方の原点だと思っています。

私たちは大人になるにつれて、知らず知らずの間に、子どもの頃の繊細な感性・想像力を失っています。子どもの頃に帰って、今日の雲から何かを見つけてみませんか？

この雲、何に見えますか？　著者には「魔女の横顔」に見えます。

夕焼け雲（ゆうやけぐも）

美しい色彩を持つのはわずかの間で、あっという間に闇の中に沈んでいく。

夕焼けで主に色づくのは（空ではなく）雲であり、夕焼けと雲は切っても切れない関係にある。

夕焼けで一番美しい姿を見せるのは、朝夕に太陽光が当たりやすい雲底高度と、変化に富んだ雲片を持つ高積雲。

色は大気の状態や太陽高度によって変化する。雲の種類、時間とともに刻々と変わる色に気をつけて観察したい。

COLUMN　夕焼けはなぜ赤い？

感動的な色彩をつくる朝焼け・夕焼けはなぜ起きるのでしょうか。

太陽高度が低い朝夕は、太陽からの光は水蒸気・塵・大気の分子など、小さな粒子をたくさん含んだ地表面近くの濃い空気層を通過して私たちに届きます。

このとき、粒子によって散乱されやすい、波長の短い光＝青い光が減衰し失われてしまうため、私たちに届く頃には赤色の光だけが残ります（図）。

残った赤色の光が雲たちに当たることで、オレンジ〜赤色の光に染まるわけですが、そのとき雲が美しい模様をつくっていると、素晴らしい光景をつくり出します。

夕焼けは、まさに「光と雲」がつくる芸術なのです。

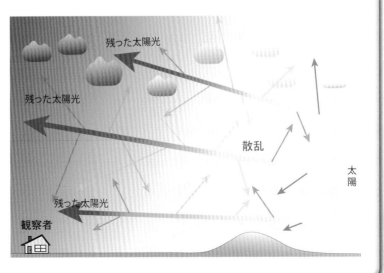

COLUMN　分類を超える変わった雲・変な雲

空を見ていると、ときどき「分類を超越したような」面白い形や不思議な状態の雲を見つけることがあります。もちろん、これらも10種雲形のどこかに属するのですが、「分類」は無限のバリエーションを持つ自然の中に、人間が勝手に線を引いたものですから、その中にどう入れれば良いのかわからなかったり、「分類以上の存在感」を持つものも現れることがあります。

台風最接近前日に全天を覆った全天が泡だった不気味な雲。

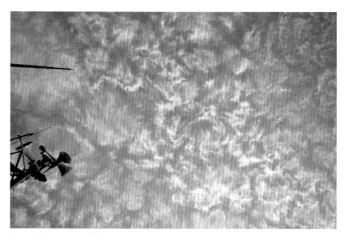

全天を埋める不思議な羽毛状の模様の雲。

夕空に浮かびあがる赤い尾流雲。雲本体より尾の方が濃く大きい。

椰子の葉か、ムカデにそっくりの飛行機由来の雲。外に出て見上げて発見、驚いた。

2. 空を彩る大気光象
Illusions In The Sky

大気光象とは

「虹」や太陽の周りの「暈」などのように、空に現れる光の現象を総称して大気光象といいます。

これらは大気中の水滴や小さな氷の粒（氷晶）がレンズやプリズム・反射鏡のはたらきをして太陽や月の光を屈折・反射させたり、塵や花粉が光を回折・干渉させたりすることが原因で起こります。

原因や見える形、位置などによって多くの種類に分けられていますが、特に「氷晶」が成因となる現象は上層雲（巻雲・巻層雲・巻積雲）と密接な関係があります。

下図は氷晶によって、太陽近辺にできる主な大気光象を示したもの。こんなにも多様な現象が上層雲と共に現れているのです。

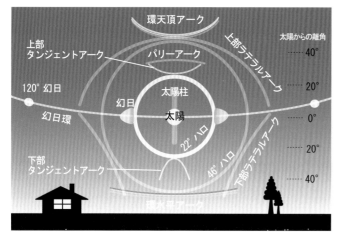

氷晶による、太陽周辺のおもな大気光象の位置関係の模式図。大きさ・形状は条件・太陽高度によって変化する。

大気光象は非常に明るく輝いたり、色彩が美しいものも多く、中には私たち雲の観察者でも数年に1度しかお目にかかれないようなレアで貴重な現象もあります。そのため、これらの現象は、雲と同様に興味深い観察対象になっています。

大気光象の原因と主な現象

主な大気光象を原因別にまとめると下表のようになります。よく間違われる虹と環天頂アークはどちらも七色に輝く美しい現象ですが、まったくの「別物」です。

虹は雨粒に太陽光が出入りする際に屈折・反射することで、色が分散してできる現象。副虹では2回反射がおき、色の順序は主虹とは逆で、虹の見かけの半径も異なります（次ページの図中 1-①、②）。

一方、氷晶による大気光象は、ガラスのように透明な六角形の氷の粒（氷晶）を、太陽光がどのように通るかによって、いろいろに変化します。

原　　因		現れる大気光象
水滴内の屈折・反射		虹（主虹・副虹）
小さな水滴・氷晶による回折		光環・彩雲
氷晶での屈折	60°プリズム効果	22°ハロ（内暈）・幻日 タンジェントアーク・パリーアークなど
	90°プリズム効果	46°ハロ（外暈）・環天頂アーク・環水平アークなど
氷晶表面の反射		太陽柱、幻日環など

【1. 虹をつくる水滴のはたらき】

1-① 副虹をつくる光

1-② 主虹をつくる光

【2. 氷晶のはたらき】

2-① 60°プリズム

2-② 90°プリズム

2-③ 反射鏡

【3. 氷晶の形状】

3-① 柱状

3-② 板状

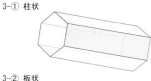

例えば図2-①の経路だと太陽光は約22°、2-②の経路だと約46°曲げられるため、違った位置に光象が発生します。また結晶表面で光が反射することが原因の場合もあります(2-③)。氷晶によるこれらの作用で、空のいろいろな場所に光の現象が現れて、私たちを楽しませてくれるのです。

また、原因となる氷晶の形状の違い(3-①、②)によっても異なる現象が現れます。形状によって氷晶の空気中での姿勢、光線の通り方が変わるためです。

逆に同じ形の氷晶が原因で、いくつかの光象が同時に見られる可能性もあります。例えば幻日と環天頂アークは、同時に出現することが多い(右上表)のですが、それを知らずにいると、目につきやすい幻日にだけ目を奪われ、頭上高く、美しく輝く環天頂アークを見逃してしまうことにもなり

ます。

大気光象を観察することで、今自分の頭上にはどのような水滴や氷晶の粒が存在しているかを知ることができるとも言えます。

原因となる氷晶の形	現れる大気光象
①六角柱状の氷晶 (図3-①)	22°ハロ(内暈)・46°ハロ(外暈) タンジェントアーク・パリーアーク など
②六角板状の氷晶 (図3-②)	幻日・環天頂アーク・環水平アーク など

大気光象が見られる頻度

右表は、筆者が1年間に目撃した大気光象を頻度順にまとめたものです(10年間の平均)。

22°ハロ(内暈)や幻日などは出現回数がかなり多いことがわかります。著者は仕事を持ち、平日は観測が難しいですから、実際の出現回数は表よりずっと多いはずです。

逆に、だれもが見たことのある「虹」は、大気光象の中では意外に「レアな現象」であることに気づくでしょう。

つまり、大気光象の多くは、認知度が低く注目されないために、出現していてもそれに気づかない人が大変多いのです。美しい大気光象を見たいと思ったら、常に空に注意を払うとともに、「いつ」、「どこに」現れやすいかを知っていることも大切です。

主な大気光学現象の頻度		回/年
現象名	太陽	月
22°ハロ	49.2	5
幻日・幻月	32.7	0.4
タンジェント	23.1	1.5
環天頂アーク	8.1	0.1
主虹	6.4	0
太陽柱	5.1	1.3
環水平アーク	5.1	0
幻日環	3.6	0
副虹	1.6	0
外接ハロ	1.2	0
ラテラル	0.8	0.1
パリーアーク	0.7	0
9°ハロ	0.3	0
120°幻日	0.2	0
18°ハロ	0.1	0

虹（にじ）

レア度 ★★（全周2重の虹はレア度★★★）

成因 ……………………………… 雨滴（水滴）による屈折・反射
バリエーション ……………………………… 主虹・副虹・過剰虹
色・形状による俗称 ……………………………… 赤虹・白虹・株虹など

　誰もが知る現象の割に、出現頻度はそれほど高くなく、特に完全な半円形の虹を見るチャンスは多くない。

　多くの場合、上下2本が対になって見え、下の明るいものを「主虹」、上の暗いものを「副虹」と呼ぶ。両者の色の並び順は逆になる。主虹の内側にはさらに緑〜紫色の縞模様ができることがあり、これを「過剰虹」と呼ぶ。他にも色で「赤虹」「白虹」、形状から「株虹」というように俗称が多く使われている。

主虹と副虹。主虹と副虹の間は他の部分より暗い（P.147 コラム）。

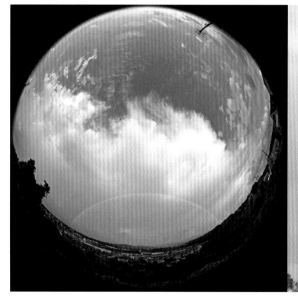

積乱雲の下の虹。虹の寿命は短いことが多く、明るく美しい虹に出会う機会はあまり多くない。（魚眼レンズで撮影）

虹は日本では7色とされているが、他国では5色や6色としている場合もある。色はその国の文化とも深い関係がある。

過剰虹：主虹の下、紫色のさらに内側にできる薄い縞模様。微小な水滴による光の干渉によってできる。

太陽高度が高いときの虹：頂部だけが地平線上に見える。太陽高度が 42°以上になると、主虹は地平線の下に沈んでしまうことになるため（P.147 コラム）、見ることができない。

赤虹：太陽高度が低い朝夕は太陽光の青色成分が大気に散乱・吸収されてしまい、赤い光だけが残る。この光によって虹ができると赤色だけの虹となる。

白虹：霧でできる特殊な虹。霧虹とも言い、水滴の大きさが非常に小さいと、色が分かれずに白一色の虹ができる。（画像提供：K さん〔北海道〕）

光環（こうかん）

別名 ……………………………… 微小な粒子（氷晶・水滴・花粉など）
関係する雲 ………………… 巻雲・巻層雲・巻積雲・高積雲・高層雲
バリエーション ……………………………… 日光環・月光環・花粉光環

　大気中の微小な水滴や氷晶・花粉などによって、光が回折・干渉を起こし、太陽や月の周りにほぼ同心円状に七色の光の輪ができる現象。

　太陽によるものを「日光環」、月によるものを「月光環」と呼び分けることもある。

　普通、視直径は数度程度。日光環は太陽直近のため眩しく見にくいので、木立や道路標識などで太陽本体を隠したり、サングラスをかけて見るとわかりやすい。

巻積雲の波状雲と光環。観察にはサングラスが必要。日光環は木立などで太陽を隠すと見やすい。

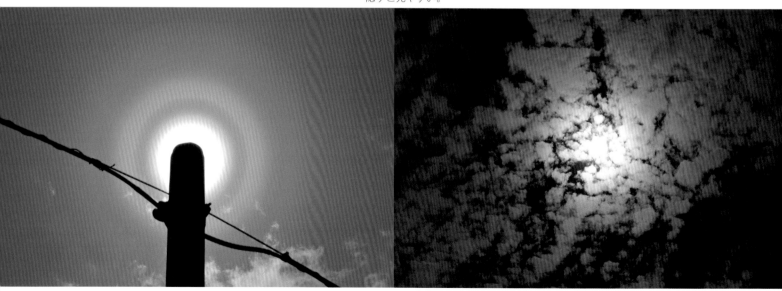

花粉光環：3月〜4月初め、スギ花粉が飛散する季節限定の光環。非常に明るく、色もハッキリ分離して美しいが、花粉症持ちの人には悩ましい。電柱で太陽本体を隠して撮影。

巻積雲でできた月光環：雲の状態によってはムラのある光環になる。月光環は明るい満月に近い時期に見やすく美しい。

彩雲（さいうん）

レア度 ★★

成因 ·································· 微小な氷晶・水滴
関係する雲 ······ 巻雲・巻層雲・巻積雲・高積雲・飛行機雲

　光環と同じく、光の回折・干渉による現象。雲が比較的広い範囲にわたって真珠光沢のように色づく。形状と広がりは雲の形状・厚さに左右され、太陽から大きく離れた雲にも見られることがある。

　気をつけていればかなり高い頻度で見られ、光環同様、サングラスをかけるとわかりやすい。

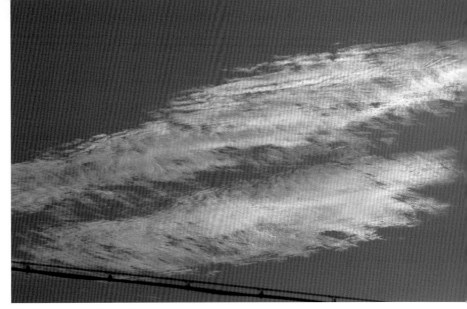

パステル画のような色を持つ彩雲。

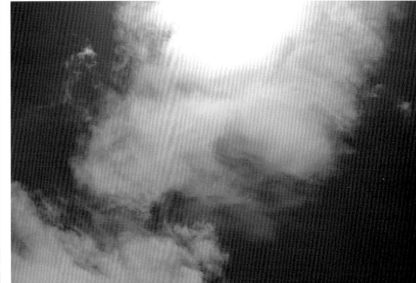

形状・色の分布が「雲の形状に沿っている」のが光環との違い。

大きく広がった巻積雲の彩雲。

145

光芒・薄明光線 （こうぼう・はくめいこうせん）

レア度 ★

成因 ……………雲の隙間＋大気中の微小粒子
関係する雲 …主に積乱雲・高積雲・層積雲・積雲
バリエーション …………薄明光線・反薄明光線

輪郭のはっきりした、厚みのある雲の隙間から太陽光が漏れ、光の筋が明るく伸びて見える現象。

下向きに光が伸びるものと、太陽高度が低いときに上向きに伸びるものとがある。

一般に薄明光線・反薄明光線（次ページ）をまとめて「光芒」と呼ぶことが多い。

天文で使われる「薄明」と混同されやすいが、意味はまったく異なる。

低く暗い層積雲からの光の筋。「天使のはしご」などと呼ばれることもある。

放射状に広がって見えるのは、遠近法の効果による見かけの形状。実際の太陽光はほぼ平行光線であり、広がることはない。

雲の影になった部分だけが暗い筋になって伸びたように見える薄明光線。

レア度 ★★★

反薄明光線

（はんはくめいこうせん）

上向きの薄明光線が観測者の頭上を越えて更に伸び、反対側の地平線の1点に収束するように見えると、「反薄明光線」という名前になる。

収束するのは薄明光線同様、遠近法の効果によるもので、いわば観測者の錯覚。

比較的太陽高度が高いときは、雲間から光が伸び、地上に向かって収束するように見える。

頭上を越えて長く伸びる反薄明光線。観察するためには見通しの良い開けた場所が必要。

COLUMN　虹を見る視点

虹を見るときに知っておきたい視点をいくつか紹介します。

①**自分の影**：虹は必ず「自分の影ができる方向」＝太陽を背にして、太陽と正反対側の方向にできます。

②**主虹**：①の影から約42°離れたところに円弧を描くようにできます。配色は赤色が外側（上）で紫が下側ですが、紫の帯は見えないこともあります。

③**副虹**：主虹の約10°外側（上方）にでき、色は主虹と逆で赤が下。主虹に比べて暗いので、注意して見ないといけません。

④**アレクサンダーの暗帯**：主虹と副虹の間は、空の他の部分より暗い帯になります。

⑤**虹の明るさ**：虹をつくる水滴が完全な球ではないために、両端部分は明るく、頂点部は暗いことが多いです。

⑥**太陽高度**：太陽高度と虹の大きさは密接に関係し、42°より高くなると主虹は地平線の下に隠れて、見ることができなくなります。

ハロ (はろ)

別名 …………………………………………………………… 暈（かさ）
成因 ……………………………… 大気中の六角柱状の氷晶（巻層雲・巻雲）
バリエーション …………………… 9°・18°・22°・24°・35°・46°など

太陽・月を中心とした円形の現象の総称※。太陽・月の光が雲の中の六角柱状の氷晶によって曲げられてできる。

視半径が22°のハロ＝内暈が最もよくみられ、普通はハロ＝内暈とされるが、ごくまれに9°・18°・20°・24°・35°・46°などの視半径のものが見られることがあり、雲の観察者はこれらのレアなハロを目撃することが観察のモチベーションにもなっている。

巻雲・巻層雲が空を広く覆うときが観察のチャンス。太陽の近くの現象なので、目を保護するためにもサングラスを忘れずに。

ハロは自然の造形。空にコンパスで描いたような巨大な真円を描く。
（魚眼レンズで撮影）

巻層雲と22°ハロ。
広角レンズでないと全体を写し撮ることができない。実はかなり大きな現象。
（対角線魚眼レンズで撮影）

※英語圏では円形の光象を「Halo：ハロ」、円形でないものを「Arc：アーク」と呼び分け、これらを総称して「Halos」と呼んでいる。日本ではすべてまとめて「ハロ」あるいは「ハロ現象」と呼ぶことが多い。

22°ハロ・内暈

（にじゅうにどはろ・うちかさ）

　視半径 22°の円を描くため 22°ハロ、また内暈（うちかさ・ないうん）、または単に暈と呼ばれる。

　太陽によるものを日暈（ひがさ・にちうん）、月によるものを月暈（つきがさ・げつうん）と呼び分けることもある。

　雨の前兆とされ、「太陽が暈（笠）をさすと雨になる」いうことわざがあるが、的中率は約 60%程度。

　注意していれば 1 年間に 50 ～ 80 回程度、特に 4 ～ 5 月によく見られる。

巻層雲でできることが多い。

氷晶のプリズム効果よってできるため、内側が赤色に色づく。

月の 22°ハロ。月の明るい満月に近い時期にだけ現れるので日暈に比べ見るチャンスは少ない。中央下に写っている人物と比べると大きさがわかる。

9°ハロ（9どはろ）

レアな現象。22°ハロの内側、視直径がほぼ半分のハロ。太陽に近く、出現していても存在に気づきにくい。

角柱状の先端が鉛筆のように尖った氷晶（ピラミダル氷晶・右下図）によってできる。雲の観察者はいちどは見ておきたい存在。

出現の証拠を撮影する場合は、レンズのフレア、ゴーストの影響を排除するために、太陽本体を建物や電柱などで隠して撮影することが必須。特に円形のフレアができるレンズでは偽現象に要注意。

内暈の内側、太陽近くにある小さな円が9°ハロ。この日はパッと見た瞬間に2重のハロに気づいた。屋根で太陽本体を隠して撮影。

その他の直径のハロ・多重ハロ

目にすることがさらに難しい現象。写真は太陽（左上）に近い方から9°、18°、22°、24°、35°、46°の6重のハロが同時に見えたときのもの。

これらは22°、46°ハロ以外、先端の尖ったピラミダル氷晶（下図）が原因であることがわかっているが、出現頻度は極端に低い。

空が薄い巻層雲に覆われ、明るい22°ハロが見えているときに、その外側・内側を注意深く観察してみるとよい。ただし、観察にはサングラスが必須。

ピラミダル氷晶

多重ハロ。
これだけの数がハッキリ見えることは珍しい。
（画像提供：鳥羽さん〔静岡県〕）

環天頂アーク（かんてんちょうあーく）

レア度 ★★★

成因 ……………………………… 大気中の板状の氷晶
観察ポイント ………………… 太陽高度が 32°以下のとき、
太陽から上方 46°の位置

太陽から約 46°上方に、名前の通り「天頂を中心にした円弧を描くように」現れる現象。観察者視点では虹が逆さまになったようにも見えることから「逆さ虹」と呼ばれることもある。

色がはっきり分離して非常に明るく輝くことがあり、美しさは大気光象のなかで群を抜いている。ただし、天頂近くに現れるため、出現していても気づかない人が多い。

太陽高度が 32°以下のときにしか出現しない。朝夕、巻層雲が空を覆っているときがチャンス。

環天頂アークは色が鮮やかで美しいが、頭上高く出現するので、気がつきにくい。

太陽の 46°上方に太陽側に凸になるようにできるため「逆さ虹」と呼ばれることもある。（対角線魚眼レンズ）

魚眼レンズで撮影した環天頂アーク。天頂を中心とした弧をつくるため、これが名前の由来となっている。

151

環水平アーク（かんすいへい あーく）

レア度 ★★★★

成因 ·············· 大気中の六角板状の氷晶
観察ポイント ·············· 太陽高度が 58°以上のとき、
太陽の下方 46°の位置

太陽から約 46°離れた下方にできる、水平なほぼ直線状の現象。この現象も大変色が美しく、新聞やネット上でニュースとして取り上げられることも多い。

太陽高度 58°以上のときにだけ現れるため、見られるのは春〜夏の正午を中心とした時間帯に限られ、レア度は環天頂アークより高い。

太陽高度条件の関係で環天頂アークと同時に見られることは絶対にない。

鮮やかな環水平アーク。
鮮やかな明るい光の帯が一直線状に伸びる。

見かけの長さが 100°にもなる見事な環水平アーク。
16mm 超広角レンズの写野にも入りきらないほど。

下に写っている人の姿と比較すると、スケールの大きな現象であることがわかる。

タンジェントアーク（たんじぇんとあーく）

レア度 ★★

成因 ················· 大気中の六角柱状の氷晶
観察ポイント ················· 太陽の上下約22°
太陽高度によって形状が変化する

22°ハロに接し、上下にカーブを描く光芒。太陽の上にできるものを「上部タンジェントアーク（または上端接弧）」、下にできるものを「下部タンジェントアーク（下端接弧）」と呼び分ける。

太陽の高度によって形が大きく変化し、上部のアークは、太陽が低いときは「V字」（左下写真）、高度が上がるにつれて「一」そして「への字」型（右下写真）に変わる。

魚眼レンズで見た上部タンジェントアーク。

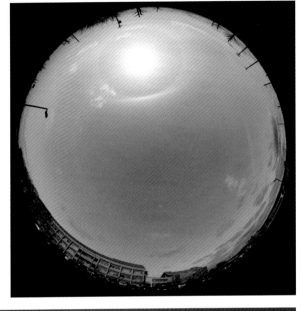

太陽高度が低いとき、太陽から22°上方で「V」字型の光芒をつくる。

下：太陽高度が比較的高いときは、内暈に覆い被さるような形状になる。下部タンジェントアークも見える。

外接ハロ（がいせつはろ）

レア度 ★★★

成因 ……………………………………………… 大気中の六角柱状の氷晶
観察ポイント …… 太陽高度が高くなるとタンジェントアークから変化してできる

　22°ハロに外接するようにできる楕円状の輪。上下のタンジェントアーク（P.153）の形状が太陽高度の増加と共に変化して太陽の左右でつながり、22°ハロの左右で2重になっているように見えるもの。

　太陽高度45°以上のときにだけでき、内暈がないときは楕円形の外接ハロの楕円だけが見える（右下写真）。

左右でハロが2重になっているように見える。太陽を貫いて幻日環（P.157）も見えている。

月の外接ハロ。太陽のようにまぶしくないので見やすいが、月が明るい満月前後5日間ほどしかチャンスは無い。

22°ハロがほとんど見えないときの外接ハロ。1重の楕円だけになる。（太陽本体を電柱で隠して撮影）

幻日（げんじつ）

レア度 ★★（幻月は＋3）

成因 ……………………… 大気中の六角板状の氷晶
観察ポイント ………………… 太陽から左右に 22° 離れた場所

　太陽とほぼ同じ高度、左右に約 22° 離れて現れる明るい光点。色が美しく分離して見える。

　太陽高度 60° 以下で出現するが、空が暗くなって幻日が目立つ朝夕に見つけやすい。

　出現頻度は比較的高く、注意して観察していれば月に数回は見ることができる。ただし、明るく色の分散の見事な幻日はそれほど多くない。

　月によってできるものは「幻月」と呼ぶが、なかなか見ることはできない。

太陽の両側に現れた幻日。幻日からは幻日環が伸びている。

たくさんの飛行機雲と幻日。おそらく、飛行機雲による氷晶でできたと思われる。

左の幻日。幻日は色の分離が見事なことが多い。
太陽に近い方が赤色。

155

パリーアーク（ぱりーあーく）

レア度 ★★★★（サンベックスは★Max）

成因 ………………………………………… 大気中の六角柱状の氷晶
観察ポイント ……………………………… 太陽上方約22°
上部タンジェントアークと接してできる

タンジェントアークに覆い被さるようにできるライン状の光芒（矢印）。

高緯度地域で撮影された写真には明るく見事なものもあるが、日本ではかなりレア。比較的薄いので気がつく人はほとんどいない。

太陽の下側にできる下部パリーアークも理論上は存在するが、筆者はまだ明瞭な現象に出会ったことが無い。

太陽の直上、タンジェントアークの上の「皿を伏せたようなライン状の光芒」が上部パリーアーク（矢印）。
ハッキリとしたものを目撃するのはかなり難しい。
太陽の左右に幻日・幻日環も見える。

太陽高度5°以下でしか見られない超レア現象「サンベックス（太陽に向かって凸の）・パリーアーク」。
太陽の上に「V字」に見える上部タンジェントアークのさらに上に、もう一つ見える小さめの「V」がそれ。

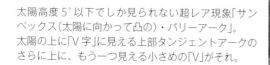

幻日環 (げんじつかん)

レア度 ★★★★ (全周の幻日環は +2)
成因 ……………………………………… 大気中の六角板状・柱状の氷晶
観察ポイント ………… 天頂を中心に、太陽を通って全天を1周する円
色はない。太陽高度によって直径が変わる

天頂を中心にして、太陽を貫いた巨大な円を描く壮大な現象。日本で見られる光象の中では最も大きいもの。特に360°完全に一周つながった幻日環は見事。幻日環は常に地平線と平行で、太陽高度が高くなるほど、直径は小さくなる。

魚眼レンズで撮影した幻日環。太陽高度が低いときは、魚眼レンズを使わないと全体を写すことができない。

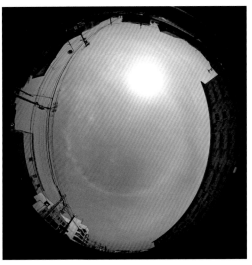

太陽高度が高いときの幻日環(上)と外接ハロのダブルリング。雲の観察者にとっては憧れの現象。

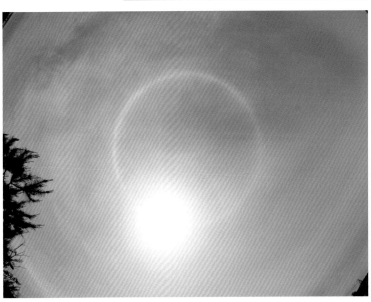

大気光象の中で唯一、水平方向に太陽を貫く。対角線魚眼レンズで撮影。画面の中央が天頂、四隅は地表。

157

120°幻日 (ひゃくにじゅうど げんじつ)

レア度 ★★★★★
成因 ……………………………………大気中の六角板状の氷晶
観察ポイント ……………………………………幻日環の上
太陽から120°離れた場所（太陽を背にして観察する）

幻日環上に太陽から左右に120°離れてできる2つの光芒。つまり、幻日環の上には2つの120°幻日と太陽がお互いに120°で等間隔に位置することになる。

幻日環を発見したら、必ず太陽の反対側を見てレアな120°幻日を確認しておきたい。

頭上を飾るこの巨大な現象に気づく人は少ない。

幻日環上にできた丸い光芒が120°幻日。

やや不明瞭な120°幻日。実際に見るとかなり大きな光芒で、野球ボールが空中に浮いている位の大きさに見える。

ラテラルアーク（らてらるあーく）

レア度 ★★★★（下部は★★★★★）

成因 …………………………………… 大気中の六角柱状の氷晶
観察ポイント ………… 太陽から約46°以上離れてできる巨大な現象

　太陽から46°以上離れてできる薄い円弧状の光芒。あまりに巨大なため、出現していても存在に気がつきにくい。

　普通、46°ハロ（外暈）の上半円に接するようにできるものを「上部ラテラルアーク」、下半円に接するものを「下部ラテラルアーク」と説明されるが、46°ハロ自体が目撃困難。ラテラルアークは明るいタンジェントアークと同時に出現するので、タンジェントアークが確認できたら、必ずその外側も確認するようにしたい。

上部ラテラルアークと明るいタンジェントアーク。タンジェントアークが通常より明るいときには要注意。（対角線魚眼レンズで撮影）

太陽高度が高い（約70°）ときの下部ラテラルアーク（矢印）と環水平アーク。両者は太陽直下で重なる。上に見えている半円は外接ハロ。

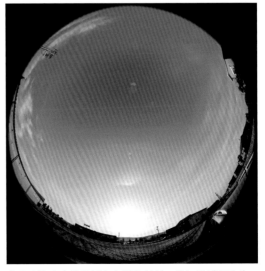

空の1/4を占める巨大な現象だが、それほど明るくないので、気がつきにくい。（魚眼レンズで撮影）

太陽柱（たいようちゅう）

レア度 ★★（月光柱は＋1）

別名 ……………………………………………… サンピラー
成因 …………………………… 大気中に水平に並んだ板状の氷晶
観察ポイント ……………… 太陽高度が低いときの太陽の上下

太陽から上下に伸びる光の柱。薄い板状の氷晶のその上下面で太陽光が反射してできる。

日の出直後や日没直前に長く伸びる。

月によってできる同様の現象を「月光柱」または「ムーンピラー」、漁船の漁り火や地上の照明でできるものを「光柱」と呼び分ける。

左上：長さ十数°にも及ぶ太陽柱。基本的に、冷え込んだときに、地表近くの氷晶でできる現象。

左下：明るく短い太陽柱。ほとんどの場合はこれくらいの長さ。

右下：飛行機から見た太陽柱。左右には幻日（P.155）が見える。

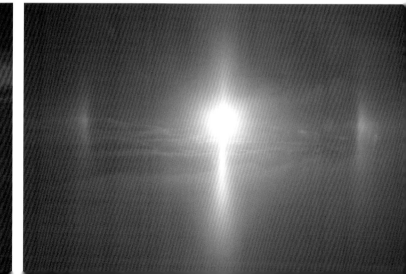

映日（えいじつ）

成因 ·························大気中に水平に浮遊するの板状の氷晶
観察ポイント ·················飛行機の窓から下方、太陽の真下の位置

地球影（ちきゅうえい）

観察ポイント ·················太陽と逆方向の地平線近く

飛行機の窓から見下ろした際に見える非常に明るい光点。

薄い板状の氷晶が水平に安定して漂っているとき、太陽が鏡に映るように反射し、明るい光点となる。

飛行機が動いて移動しても、雲の上を滑ってついてくるように見える。

非常に明るく、眩いほど。

太陽がわずかに地平線よりも下にあるとき、反対側の空が地球の影になって地平線に沿って暗い帯ができる現象。大気中の水滴や氷晶などが原因ではなく、「地球が丸いこと」によって起きる（下図）。

透明度が高い日ほどハッキリ見えるが、観察には地平線を見渡せる平坦な場所が必須。

※地球影は気象学的には「大気光象」に含まれません。

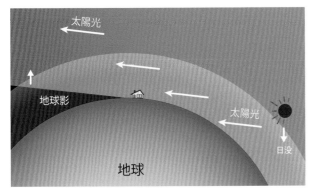

地球影の原理。開けているところならどこでも見られる。

日没時の地球影。時間と共に暗い影の帯が地平線から上に向かって広がっていく。空気の澄んだ日・場所ほど真っ暗に見える。（オーストラリアで）

マルチディスプレイ

　レア現象を含む複数の現象が同時に現れることを「マルチディスプレイ」という。高緯度地帯、特に北欧やアラスカなどでは見事な現象が多数観測されているが、日本では顕著なものは多くない。

　雲好きたちはこのような風景に出会いたくて毎日空を監視している。

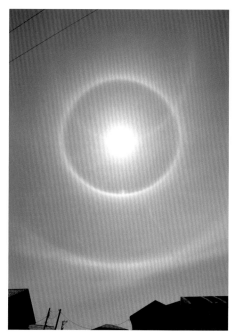

上から環天頂アーク・上部ラテラルアーク・パリーアーク・上部タンジェントアーク・22°ハロ・幻日・幻日環の7つが同時に見えたマルチディスプレイ。

上から幻日環・外接ハロ・下部ラテラルアーク、環水平アーク。(幻日環は超広角レンズの歪み効果で楕円に見えている)。

COLUMN　指でハロを測る

　自分の指を使ってハロの位置を確かめる方法があります。

　腕を伸ばして人差し指と親指を広げ、親指を太陽に合わせると、人差し指の先が22°ハロができる位置になります(写真)。

　見えている現象がレアなハロなのかどうかを判断したいときにも、この方法を使えば便利で確実。

　同様にして、指を使い雲片の大きさを測ることで、雲形の判別をする方法もあります(P.166)。

雲をつかまえる話 How to Catch The Clouds

　この本を手に取ってくださっている方は、もちろん雲に興味を持っていらっしゃる方でしょう。ここでは雲観察のコツをいくつかお伝えします。

1. 雲観察の3種の神器

　雲を「ちょっと本気で観察してみよう」と思う人に、ぜひ準備しておいて欲しいものがあります。私はこれを「雲観察の3種の神器」と呼んでいます。

①サングラス

　雲は思っている以上に明るい観察対象です。特に夏季、太陽近くの雲はまぶしくて直視できなくなります。

　サングラスをして雲を見ると、彩雲やハロ、尾流雲など

が浮かび上がって見え、それまで気がつかなかった数々の素晴らしい現象に出会えます。濃いめのものであれば最高。目を守るためにも、雲の観察にはサングラスを用意しましょう。

②雲の図鑑・資料

　見つけた雲や現象が何なのかを知り、観察の視点を知ることが次の興味を引き起こし、知識を深め、さらにモチベーションにもなります。本書も含め、使い慣れた図鑑を1冊手元に準備しておきましょう。

③カメラ

　せっかく雲を観察するのですから「記録」を残しておきましょう。後から図鑑と比べて雲の種類を確認したり、もちろんブログやSNSで公開することもできます。地上の景色や、植物などと一緒に写して季節感ある雲のコレクションをしていくのはとても楽しい作業です。

　デジタルカメラやスマートフォン搭載のカメラ（以降スマホカメラ・後述）は撮影日時が記録されますから、だれでも貴重な記録をつくることができます。ちょっと「本気」を出したい方は、広角レンズのついた（または交換できる）カメラをお薦めします。

2. 雲の写真をうまく撮るには

　実は雲を撮影するのは、簡単そうで案外難しいのです。雲を美しく記録する6つの基本をお教えします。

レンズの焦点距離と写野（数字は 35mm フィルムサイズ相当）。

【雲の写真をうまく撮るための6ヶ条】

第1条: 可能な限り広角レンズを使う

　雲は人が見て感じるよりも大きいので、全体を収めるには広角レンズが必要です（上写真）。35mm フィルムカメラでの 28mm レンズ相当、できれば 24mm 相当以上の広角レンズなら、22°ハロも 1 枚に全部収まります。

第2条: 地上の建物や木などの景色を一緒に入れる

　雲は虫や花と違って決まった大きさがありませんから、同じ写野内に大きさの基準になるものがないと、見る人はそのスケールを感覚的に捉えることができません。地上の景色、例えば立木や家屋などを画面の隅に入れると、実際の雲のスケール感を伝えることができます。もちろん、時には思い切り拡大して雲の一部分を記録するのもおもしろいでしょう。

第3条: 露出はプラス補正が基本

　雲は真っ白に輝いています。これを普通に（自動露出で）撮影すると露出が抑え気味になり、真っ白になるはずの雲が露出不足で汚く灰色に写ってしまいます。雲を撮るときは普通 + 0.3 〜 +0.7EV 程度の補正をします。もちろん、可能なら段階露出をしておくと万全です。

第4条: 太陽の近くの雲は太陽を隠して撮る

　雲の撮影では太陽が画面の中に入ることが多く、レンズのゴーストやフレアでコントラストが悪くなりがちです。太陽の近くの雲や現象を撮影するときには、太陽本体を立木や電柱、街灯などで隠して撮影するときれいな写真になります。

第5条: たくさん撮る

　今見えている目の前の雲と同じ雲に出会うことは二度とありません。良い雲を見つけたら、手間を惜しまず撮影角度、前景、レンズの焦点距離、露出を少しずつ変えて、たくさん撮影しておきます。雲は撮り直しができませんから、「今の姿を確実に捉える」ことが大切。不要な画像は、後で

太陽本体を街灯の笠で隠せば、太陽近くの美しい巻積雲を撮ることもできる。

どんどん削除すれば良いのです。

第6条: 撮影はスピーディに

　雲は思っているよりずっと速く変化します。「後で撮影しよう」と考えてもほとんどの場合不可能。「見つけたらすぐに撮る」が美しい雲を写し留めるための鉄則です。

3. 「雲にも使える！」スマホカメラ

　近年スマホカメラは飛躍的に進歩しています。雲を撮るときの最大の弱点であった画角の狭さ、ダイナミックレンジの狭さも克服しつつあり、場面によってはコンパクトデジカメの性能をしのぐほど。おまけに HDR 処理やブレ補正も自動的にされるため、初心者でも間違いなく記録を残せます。

　なんと言っても最大の武器は「いつも常に身につけている」こと。変化の速い雲・突然の大気光象を見つけても間違いなく写し撮ることができる強い味方です。SNS などにアップロードするのも簡単。

【スマホカメラの最強の活躍4場面】

①変化の速い雲

②散歩・自転車・買い物など、出先で見つけた雲や現象

③夜の雲

④パノラマ撮影・動画撮影

　①と②はもちろんスマホカメラの手軽さと、いつでも持ち歩いているという特性。「家にカメラを撮りに行っている間に美しい雲が消えてしまった」ということもありません。

　③は通常のカメラで夜の雲を撮る際の「三脚を立てて、カメラを付けて、露出を合わせて……」という手間が、スマホなら不要。手持ちで一発で撮影、手ぶれはスマホ内で自動補正してくれます（右写真）。

真夜中に見つけた、高積雲の波状雲。スマホカメラで手持ち3秒露出。

　④はコンパクトカメラにも搭載されている機能ですが、これまでにない雲の広がりと全体像を風景とともに撮影することができます。

　さらに、必要ならワンタッチで動画に切り替えて臨場感溢れるムービー撮影も OK。

スマホカメラで撮った、海岸線に沿って並んだ長大な積雲列。パノラマ機能で簡単に一網打尽。

4. 雲が見える場所を知っておく

雲はどこにいても楽しむことができます。でも、空が開けて見えている場所では、間違いなく楽しみも大きくなります。

例えば通勤・通学の途中、買い物や散歩など、普段の生活の中の道筋で、雲がよく見える場所をチェックしておきましょう。そこを通るときにちょっと足を止めて上を見るだけで、心にも余裕が生まれます。

私自身も家と仕事場の間に数カ所、空が地平線まで開けている「ヒミツの場所」を見つけています。良い雲が見えているとき、見えそうなときはそこへ行って雲を眺めたり、写真を撮ったりするのです。

そんな雲の観察者にとっての最大の敵は、なんといっても街中に張り巡らされた電柱と電線です。「電線さえなかったらなぁ」と思うこともしばしば。電線がない場所・少ない位置も知っておけば良いでしょう。

電柱と街中に張り巡らされた電線。美しい空を台無しにしてしまう。

5. 手を使って雲の種類を見分ける

無限に形を変える雲の種類を見分けるのは思っているより難しいのです。迷ったときのひとつのヒントが「ひとつの雲のかたまり（雲片）の大きさ」です。

特に巻積雲や高積雲、層積雲を見分けるときは、雲片の大きさは重要な目安になります。一般に巻積雲はひとつの雲片が見かけ上1°未満、巻積雲と迷いがちな高積雲は1°〜5°、層積雲はおおむね5°以上の大きさと規定されています。

「見かけの角度」と言われても、慣れないとわかりにくいのですが、地平線から天頂（頭の上）までの大きさ（角度）は90°ですから、もし水平線から天頂までを覆う雲があればその雲は90°、半分なら45°というわけ。ちなみに、月や太陽は見かけの角度が0.5°です。

雲の大きさを簡単に測るには、まず腕をいっぱいに伸ばします。そのまま、小指を一本立てると、指の幅が約1°、人差し指だと約2°、指を立てないで「グー」にすると拳の幅が約10°、手を大きく開いて指を広げると小指から親指の先までの幅が約20°になります。

巻積雲の判別には、腕を伸ばして小指を立て（右下写真）、雲片が小指に隠れると巻積雲、はみ出す大きさだと、その雲は高積雲の可能性があるということになります。

また、空にできるいろいろな大気光象を探すときにも手を使うことがあります。本書P.149の「22°ハロ」は、半径が角度で22°。これを測るには手を広げて、親指と人差し指を使います（P.162 コラム）。

腕をいっぱいに伸ばしたときの小指の幅が約1°。巻積雲はひとつの雲片が小指に隠れ、高積雲は小指からはみ出る。